Goede Gendrich

JAGEN

Verantwortung oder Lust am Töten?

Goede Gendrich

JAGEN

Verantwortung oder Lust am Töten?

NEUMANN - NEUDAMM

BILDNACHWEIS

Die Abbildungen der Seiten 18 und 35, jeweils oben und unten, stellte uns freundlicherweise die Herzog-August-Bibliothek in Wolfenbüttel zur Verfügung.
Jürgen Weber, Hannover, fotografierte die Abbildungen der Seiten 17 oben und unten, 36, 54 oben, 71 oben und unten, 72, 89 oben und unten, 90 oben, 107 oben und unten, 126 oben, 139 oben und 140 oben.
Aus dem Archiv der DJZ stammen die Fotos auf den Seiten 53, 54 unten, 90 unten, 125 oben und 139 unten.
Alle übrigen Abbildungen hat der Autor selbst fotografiert.

CIP-Kurztitelaufnahme der Deutschen Bibliothek

Gendrich, Goede:
Jagen: Verantwortung oder Lust am Töten?/Goede Gendrich.
Melsungen: Neumann-Neudamm, 1990
ISBN 3-7888-0620-6

Mühlenstraße 9, 3508 Melsungen
Printed in Germany
Titelgestaltung: Philipp Schneider unter Verwendung eines Gemäldes von Heinz Kathöfer, Hannover
Reprotechnik: Elnain GmbH, 6200 Wiesbaden
Druck: Karl Strube Druckerei, 3582 Felsberg
Buchbinderische Verarbeitung: Willy Keller, 6402 Kleinlüder

Schrift: 10/12 Times Roman
Papier: Bildteil 115 g Bilderdruck, Textteil 90 g Werkdruck
Umschlag: Broschur, Polylein-Kaschierung
Druck: Vier- und Zweifarben-Offset.
Verarbeitung: Fadengeheftete Broschur

Inhalt

	Seite
Vorwort	7
Reflexionen eines jungen Jägers	9
Rückblick auf die Jagd im Mittelalter	14
Weder Erbarmen mit der Kreatur noch mit dem Menschen	22
Umbruch im Zeitalter der Romantik	29
Wandel im Waidwerk	42
Waidgerechtigkeit	43
Ein Becher, der das Maß mir mißt	55
Was treibt uns zu töten?	57
Gestreckt	76
Kritik an Jagd und Jägern	78
Vorteile des Reviersystems	92
Waldbau und Wildhege	100
Öffentlichkeitsarbeit	114
Jagd- und Landschaftslyrik als Ausdruck ihrer Zeit	136
Das Elementare: das Gewissen	151
Quellenverzeichnis	153

Vorwort

Dem Forstmann i. R., passioniertem Jäger und aktivem Naturschützer, wurde in Anerkennung seiner aussagekräftigen Artikel und Bücher der Preis für Öffentlichkeitsarbeit des Deutschen Jagdschutzverbandes anläßlich des Bundesjägertages 1988 verliehen.
Mit seinem Buch „Jagen – Verantwortung oder Lust am Töten?“ stellt er eine Frage, die nicht nur von Jagdgegnern ständig wiederholt, sondern auch von Jagdkritikern ernsthaft zur Diskussion gestellt wird.
Der Jäger ist Glied der Gesellschaft, in der er lebt und die er mitgestaltet. Goede Gendrich sucht in seinem Buch nach einer Antwort und findet sie. Dabei schöpft er aus den Erfahrungen eines langen, von unserem Schöpfer gesegneten Lebens, das ihm berufliche Erfüllung als Forstmann und Jäger gab.
Seine langjährige journalistische Tätigkeit befähigt ihn, selbst jagdliches Fachwissen informativ und unterhaltend wiederzugeben.
Ein Buch für Jäger, Naturfreunde und solche, die es werden wollen.
Jagd ist übernommene Verantwortung für alle frei lebenden Tiere und Pflanzengesellschaften.
Das Buch ist eine gelungene Standortbestimmung der Jagd.
Goede Gendrich weist Kritik nicht zurück, sondern verarbeitet sie und zeigt Wege auf, wie der Jäger seiner Verantwortung gegenüber der Gesellschaft gerecht wird.
„Jagen – Verantwortung oder Lust am Töten?“ vervollständigt die literarischen Arbeiten Goede Gendrichs und wird ihm weitere Freunde gewinnen.

Karl-Heinz Schuster
DJV-Vizepräsident

Reflexionen eines jungen Jägers

Bereits vor dem ersten Weltkrieg geboren, liegen heute über sechs Jahrzehnte jagdlicher Betätigung hinter mir. Vieles hat sich in dieser Zeit für uns Jäger geändert, mehr noch im Laufe der zurückliegenden Jahrhunderte. Manchem trauern wir nach, auf anderes blicken wir aus der Sicht unserer Zeit mit Skepsis zurück. Auslöschen können und wollen wir nichts von dem, was einmal das Wesen der Jagd und die Mentalität der Jäger kennzeichnete; wollten wir es dennoch tun, müßten wir unsere eigenen Väter verleugnen. Nicht das letzte Glied sind wir in einer Kette von Generationen, fortsetzen wird sie sich, weit über uns hinaus, und die Stabilität, die wir, als eines ihrer Glieder, dieser Kette geben, wird ausschlaggebend für den Stil und die Gestaltung der von den nächsten Generationen betriebenen Jagd sein. Revolutionäre Einschnitte werden stets nur Zeiterscheinungen bleiben, als unveränderliche Größe ist allein die über Jahrhunderte hin konstante Entwicklung der Jagd im Handwerklichen wie im Geistigen zu betrachten. Nichts in der Welt ist als etwas fertig Gegebenes vorhanden, alles ist in ständiger Bewegung und Umbildung begriffen; es voller Idealismus zu immer positiverer Gestaltung voranzutreiben, ist, das Wesen der Jagd betreffend, unsere Aufgabe als Jäger.

Kürzlich wiederholte eine Jagdzeitschrift eine bereits 1905 veröffentlichte Meldung folgenden Inhalts: „Der gräflich Rothkirchsche Förster Schaifler in Bärsdorftrach in Schlesien hat in seiner 14jährigen Tätigkeit 50 Adler erlegt, und zwar 46 Fischadler, 3 Schreiadler und 1 Seeadler, seinen Jubiläumsadler mit 2,35 m Flügelspannweite, während die Fischadler zwischen 1,58 und 1,70 m Flügelspannweite hatten. Unser ‚Adlerkönig', Oberjäger Leo Dorn in Hindelang im Allgäu, hat nur Steinadler erbeutet. Der bewußte 50. Adler wurde in Liegnitz mit ausgebreiteten Schwingen präpariert."

Diese Meldung erinnerte mich an den Bücherschrank meines 1930 verstorbenen Vaters, der als Forstmann und Jäger über eine reichhaltige jagd- und naturkundliche Literatur verfügte. Da gab es neben den Werken Diezels, von Nordenflychts, Skowronneks, Dombrowskis, des Heidedichters Löns auch ein als Prachtband mit hervorragenden Illustrationen ausgestattetes Buch über den „Adlerkönig“ Leo Dorn.

„Habent sua fata libelli“ – Bücher haben ihr Schicksal, lautet eine alte Weisheit. Was sie heute noch als gültige Wahrheit für sich in Anspruch nehmen, wird morgen von neuen Erkenntnissen aufgehoben; Gutes muß stets dem Besseren weichen. Bücher haben aber nicht nur ihr Schicksal, sie werden uns selbst auch zum Schicksal, indem sie uns beeinflussen, diesen und nicht jenen Weg zu gehen, in dieser oder jener Frage die eine und nicht die andere Position einzunehmen. Sie formen uns und lassen uns dennoch durch die Unterschiedlichkeit ihrer Aussagen kritisch bleiben, solange wir den Mut haben, uns unseres eigenen Verstandes zu bedienen. Mir machten sie die Wahl meines Berufes, den meines Vaters, leicht. Heute, nach fast sechs Jahrzehnten, blicke ich mit Dankbarkeit auf den mir von ihnen aufgezeigten Weg zurück; wenngleich mich stets Zweifel auf diesem Weg begleiteten, hervorgerufen von der Unzulänglichkeit des Homo sapiens im allgemeinen. Zweifel aber lösen Kritik aus, zügellos dort, wo alles bezweifelt wird, doch unentbehrlich, wenn es gilt, eigene Ideen immer aufs neue zu sichten und im Gegensatz zum Allerweltsglauben nur das hinzunehmen, was allseitiger Prüfung standhält.

Die in dem Buch über den „Adlerkönig“ so kraftvoll gezeichnete Gestalt Leo Dorns, sein wetterhartes, vollbärtiges Gesicht, die schroffen Felsen einer Landschaft, in der er den Steinadlern nachgestellt hatte – das alles, von Künstlerhand meisterhaft dargestellt, begeisterte mich in meiner Kindheit und ließ mich wünschen, es diesem „großen Jäger“ nachzutun. Als ich dann selbst die Waffe führte, war von der unausgegorenen Fantasie des Jungen nur wenig übriggeblieben, den Seeadlern meiner mecklenburgischen Heimat bereits seit Jahren Schutz gewährt worden.

Inzwischen hatte ich meinen ersten Hasen erlegt, eine Beute, der ich mich trotz aller Leidenschaft, mit der ich dem Wild im

Revier meines Vaters nachstellte, nicht zu erfreuen vermochte. Ich schoß den Hasen, auf Kaninchen ansitzend, einen Tag vor Aufgang der Jagd. Es war kein Versehen von mir gewesen, ich hatte mich, die lächerlichen Stunden mißachtend, die mich noch vom 1. Oktober trennten, zum Schuß hinreißen lassen. Die Ernüchterung trat augenblicklich ein; ich wußte, daß ich meinem Vater mit dem Hasen nicht unter die Augen treten durfte. Ich hätte den Hasen beiroden können, niemand hatte mich beobachtet, doch das erschien mir nun nicht weniger frivol als der mich bedrückende Verstoß gegen das Schonzeitgesetz. Unmöglich konnte ich den Hasen verludern lassen, wollte ich vor mir selbst nicht gänzlich als Sünder dastehen. Als es dunkel geworden war, brachte ich den Hasen unserem Haumeister, der mit sechs Kindern gesegnet war und wohl kaum jemals einen so leckeren Braten auf seinem Tisch gesehen hatte. Seiner Verschwiegenheit konnte ich sicher sein.
Anfang April des nächsten Jahres schoß ich nahe dem Forsthaus einen übers Feld flüchtenden Fuchs, die Kugel ließ ihn mit gutem Blattschuß verenden. Stolz kehrte ich mit meiner Beute heim – und bezog von meinem Vater eine saftige Ohrfeige. Auf seine Frage, ob ich in freier Wildbahn einen flüchtigen Rüden von einer Fähe zu unterscheiden wisse, hatte ich ihm keine Antwort geben können. Zwar hatte ich einen Rüden geschossen, der nicht der Schonzeit unterlag, wie leicht aber hätte es eine Fähe sein können, deren Geheck durch meinen leichtfertigen Schuß erbärmlich umgekommen wäre.
Mein Stolz, eine Waffe führen und als Jäger ungebunden durch die Wildnis streifen zu können, hatte mit der zweifellos verdienten Ohrfeige einen argen Stoß erlitten. Ich hatte, wie bereits bei der Erlegung des Hasen, den unverzeihlichen Fehler begangen, es an Fantasie, an Voraussicht mangeln zu lassen. Was immer wir auch als Jäger tun, bereits dem Konzept und selbst einem reflektorischen Entschluß hat die Frage nach ihren Folgen vorauszugehen. Für uns als Jäger bedeutet das, die Leidenschaft nicht über den Verstand triumphieren zu lassen. Einem jungen Burschen kann man vielleicht noch sorglose Spontaneität verzeihen, wer ihr jedoch im Alter noch verfällt, beweist, daß er nie

den Reifegrad erlangt hat, den das Waidwerk unabdingbar von uns fordert.

Dem Adlerjäger Leo Dorn hatte ich es als Junge nachtun wollen. Wenn auch die Landschaft, in der ich zu Hause war, sich nicht so bizarr und heroisch darstellte wie die des Adlerjägers – auf den von ihm alltäglich bezwungenen Gipfeln hätte mich wohl der Schwindel gepackt –, so waren die Seeadler meiner Heimat doch nicht weniger imponierend als die Adler des Gebirges. Unvergeßlich blieb mir über sechzig Jahre hin eine erste Begegnung mit einem der seinerzeit noch nicht seltenen Seeadler im Revier meines Vaters.

Winter war es, die Sonne schien, in wenigen, aber kräftigen Farben präsentierte sich die Landschaft: in Weiß die unter Eis und Schnee liegenden Seen, in Beige die trockenen Schilfwälder an ihren Ufern, in dunklem Grün die Kiefernwälder, in strahlendem Blau der Himmel; bleifarben fraß sich das offene Wasser eines Kanals in den vor mir liegenden See. Im Schutz schütterer Erlen und Weiden dem Ufer folgend, machte ich in der Nähe des Kanals einige Stockenten aus dem Schilf hoch, von denen ich einen Erpel, den ersten in meinem Leben, mit gutem Schuß aufs Wasser stürzen ließ. Als ich noch überlegte, wie ich ihn bergen könnte, stieß ein Seeadler auf meine Beute herab und trug sie in seinen mächtigen Fängen davon. Enttäuscht, mir nun die begehrten Erpelfedern nicht an den Hut stecken zu können, begeisterte mich dennoch der Anblick des gewaltigen Greifes, gerne gönnte ich ihm den mir entrissenen Erpel.

Wenige Tage später schoß ich abermals einen Erpel, verendet fiel er mir vor die Füße. Wunderschön sah er in seinem prächtigen Kleid aus. Glücklich über den guten Schuß beschlich mich dennoch – ich erinnere mich dessen, als sei es erst gestern gewesen – ein schattenhaftes Gefühl der Schuld. Warum, fragte ich mich, warum mußtest du ihn aus dem doch so herrlichen Leben reißen? Du selbst liebst das Leben, nicht weniger wird er das Leben geliebt haben. War es Sentimentalität? War ich vielleicht zu sensibel für das Handwerk eines Jägers? Warum aber hatte ich den Tod des vor wenigen Tagen erlegten und vom Adler geraubten Erpels nicht schuldhaft nachempfunden? Vielleicht weil mir die Beute entrissen wurde, bevor ich sie aufnehmen und erkennen konnte, wie dramatisch der Tod eine Kreatur verändert? Oder weil ein Stärkerer kam, schuldlos getrieben vom unbestrittenen Recht auf Beute? Ich wußte mir keine Antwort darauf zu geben, ich brachte den Erpel meiner Mutter und hatte gewiß alle Skrupel verscheucht, als am Sonntag ein leckerer Entenbraten auf dem Tisch stand.

Rückblick auf die Jagd im Mittelalter

Jagen ist unabdingbar mit dem Tod des Wildes verbunden, und immer ist der Tod der Kreatur ein dramatisches Ereignis, vom Jäger je nach seiner Mentalität mehr oder minder stark als solches empfunden. Waidgerechtigkeit gebietet es, dem Wild einen schmerzlosen Tod zu bereiten; nichts vermag mehr die Jagd zu diffamieren als herzloses, inhumanes Jagen ohne Rücksicht auf das Leiden einer Kreatur; an ihm entzündet sich mit Recht die Kritik an der Jagd. Das Bundesjagdgesetz bestimmt, „bei der Ausübung der Jagd die allgemein anerkannten Grundsätze deutscher Waidgerechtigkeit zu beachten". Doch bevor wir auf den Begriff „deutscher Waidgerechtigkeit" eingehen, wollen wir einen Blick in die Vergangenheit werfen.

Je tiefer wir in sie eindringen, desto stärker stößt uns die Grausamkeit einer Zeit ab, die über viele Jahrhunderte hin ohne Mitempfinden für die Kreatur blieb; eine Mentalität, die nicht allein den Jägern, sondern den Menschen des Mittelalters allgemein zu eigen war. So hohe Kunstfertigkeit das Jagen bereits damals erforderte, wurden doch die in dumpfer Indolenz befangenen Menschen noch nicht von Skrupeln im Hinblick auf die ethische Berechtigung der Jagd geplagt. Auch soziale Probleme bekümmerten die zumeist adligen Jäger wenig. „Ainer", schrieb Martin Strasser, oberster Jägermeister des Reichsfürstentums Salzburg, 1626 in seinem „Puech von allerlei Jägern und Waidmanschafften", „ist Herr, der andere Untertan oder Knecht, ja gar leibeigen", was letztlich nichts anderes besagte, als „das sich der Waidmanschafften, sonderlich des hohen Wiltpans, niemant als diejenigen, welche dessen berechtiget oder befreiet, anzumaßen hat".

In strenger Hierarchie baute sich das Jagdpersonal vom Fußknecht über den Förster, Hägereiter, Oberförster, Wildmeister, Hofjäger bis zur höchsten bürgerlichen Jagdcharge, dem Pirschmeister, auf. Der Adel beanspruchte für sich die Laufbahn vom Jagdpagen, Gehörnpagen, Falconierpagen, Jagdjunker, Forstmeister, Oberforstmeister bis zum Hofjägermeister; nur an großen Höfen hielt man einen Oberhofjägermeister. Fronpflichtige Bauern schafften das von Jagdseilern hergestellte „Zeug", die Netze und Tücher, für die eingestellten Jagen herbei; „Besuchsknechte" führten die niederläufigen Leithunde, zumeist Brakken, in der Vorsuche ans Wild; eine dichte Treiberwehr drängte es auf immer engerem Raum zusammen; Büchsenspanner begleiteten die fürstlichen Jäger, deren schweren Pirschbüchsen das eingekesselte Wild in oft unvorstellbarer Zahl zum Opfer fiel. Alles war perfektioniert und zum rituellen, wenn auch heute noch vielfach sinnvollen Brauchtum erhoben, was den Humanisten Erasmus von Rotterdam in Hinblick auf das Versorgen des Wildes zu der spöttischen Bemerkung veranlaßte: „Da kömpt denn ein solcher [Jäger] – setzt seinen Hut dorthin – bücket – knicket – und neiget sich – nimpt seinen Weidplotz – denn mit andern messern tücht es nicht – treibt sein possen – und zerlegt ein jeder Stück auff sein sonders art und weis mit großer andacht." Zweifellos hob bereits damals waidmännisches Brauchtum das Handwerk des Jägers aus der Niederung des Banalen auf die Stufe einer jagdlichen Kultur, der wir in vielen Aspekten hohe Anerkennung zu zollen haben. Wir dürfen auch nicht übersehen, daß sich, um mit Professor Dr. Dr. Kurt Lindner zu sprechen, „das Verhältnis zwischen Tier und Mensch noch nicht so weit verschoben hatte, daß das Gleichgewicht des fairen Wettkampfes bei der Nachstellung [des Wildes] als gestört empfunden werden konnte".

Martin Strasser rechtfertigte in seinem von Kurt Lindner kommentierten, über vierhundert Seiten starken „Puech von allerlei Jägern und Waidmanschafften" die Jagd mit den Argumenten: „Ich halte auch dafür, daß die Üebung der Waidmanschafft Nutz seie zu deme, daß nit allein die adeliche und rütterliche Jugent, sondern auch die Fürsten und andere hochen Standtspersonen nach und tails nöben den studiis nit allein sich erlustigen, sondern auch, daß si durch dise rütterliche und mandliche Kunst und sinreiche Üebung sich zu dem Kriegswösen fürnemblich in dem tauglich machen und gewönen, daß si die scharffen Lufft, Hitz und Költen, Drükhne und Nöß, Reiten, Gehen und Lauf-

fen esto pösser gewonen und sich darinen auf den Notfal zu schükhen und auszustehen wissen und vermügen.
Es macht dise waidmanische Üebung gotsforchtige, sinreiche, bedachtsambe, geschwinde, beschaidene und geduldige Leut. Gotsförchtig in deme, weillen der Fang dem Glikh nöben dem Fleiß und der Vernunfft seer unterworffen, gepürt dem Waidman solliches von Got dem Herrn zu erpiten. Hochvonneten, ja unumbgenglich solle ain jeder Jäger oder Waidman alzeit Got den Herrn vor Augen haben als den Erschaffer und allmechtigen Erhalter aller Ding und Creaturen. – Ain sollicher Waidman in sollicher Üebung wierdet nit allein seinem Herrn, ime selbst, sondern auch seinen Nechsten vil Nutz sein. Also und auf ainen sollichen Fürmb wierdet der Waidman alzeit glikhsellig, lustig und sicher sein an Seel und Leib, er fang oder nit, es seie das Wötter oder andere Sachen beschaffen, wie sie wöllen. Wie khan ain größere Nutzparkheit erdacht oder erfunden werden?
Daß auch die Waidmanschafften noch ferer nutzbar seien, wierdet niemant mit Vernunfft widersprechen khünen, in deme, daß die schadhafften Tier zu Beschitzung des Armen, seines Vichs und Gedraidts, davon er nit allein seine Narung und dem Herrn seine Zins und Steuern erzeugen, haben und raichen mueß, sondern auch bisweilen dardurch die Menschen vor den Wölfen und andern schadhafften Tiern beschitzet, tails beklaidet und ernört werden. – Es ist auch kain so heiligs oder löblichs Ding auf der Welt, wölliches nit durch den Müßbrauch khinne zu ainer sindlichen, verdöblichen und schäntlichen Sachen gedeien. Exempln wurden nit manglen, wan sie zu erzöllen nit odios und zu vil Zeit hinnämen. Ich hab und wil nur das loben, was billich zu loben ist. Man wölle mir verzeichen, es sol keiner urtlen, was er selbst nit verstehet, sonst wurde ime pillich gesagt, ne sutor ultra croepidam etc., und daß ain Nar ain doctorem bisweilen straffen khan, aber er khans demnach nit bösser oder so guet machen als der Doctor. Er wiert oder ist auch kain Doctor, sondern bleibt ain Nar etc.“
In dieser Rechtfertigung der Jagd, wie auch in den Schriften anderer Jäger des Mittelalters, vermissen wir jeden Hinweis auf die Verantwortung des Jägers gegenüber der verfolgten Kreatur.

Meinen ersten Hasen schoß ich in noch ungezügelter Passion einen Tag vor Aufgang der Jagd.

Meinen ersten Stockerpel raubte mir ein Seeadler.

Mittelalterliches Jagen war von Grausamkeit gekennzeichnet.

Das Wild wurde in Netze getrieben und brutal getötet

Wir können Strasser und seinen Zeitgenossen keinen Vorwurf daraus machen, sahen sie doch als Menschen des Mittelalters im Tier nur eine Sache, nicht aber ein dem Menschen in seiner Daseinsberechtigung gleichwertiges und fühlendes Geschöpf Gottes. Nur unter diesem Aspekt können wir die Herzlosigkeit, wenn auch nicht verstehen, so doch begreifen, mit der Strasser den Jägern Jagdmethoden vorstellt, die in ihrer Grausamkeit nicht zu überbieten sind.
Füchse wurden in Netze getrieben und dort entweder von Hunden abgetan oder mit Knüppeln erschlagen. Selbst mit Gift zu arbeiten scheute man sich nicht: „Man khan sie auch mit präparierten Äßprokhen und Khügelein luedern, wan sie dieselben ößen, daß sie alspalt verrökhen und tot ligent verpleiben, als auch in (meinem) Tractat von dem Lux zu finden ist.“ Nicht weniger grausam erscheint uns ein von Strasser beschriebenenes ‚eisernes Instrument‘, „wöliches man an ainem drähten Eisenkötl (eine Art Angelhaken) angemacht und in ainem Äßprockhen verborgen, daß, wans der Fux schlikhet, er also hangent an dem Kötl verpleiben mießte“. Zwar lehnt Strasser diese Art des Fuchsfangs ab, doch das nicht etwa aus Mitleid mit der Kreatur, sondern aus Zweifel an der Wirkung dieser Methode: „von welicher ich wenig oder gar nichts halte, dan es ain seer hungeriger, ainfaltiger Fux sein mießte, wölicher ain solchen Prokhen, an ainem Kätl angehofft, schlikhete.“ Kirrbrocken zum Anludern von Füchsen wurden auf eine uns heute abscheulich anmutende Weise hergestellt. In die Sprache unserer Zeit übersetzt, lautet eines der Rezepte: Man erhänge eine Katze oder erwürge sie, damit kein Blut von ihr komme, ziehe sie erst unausgeweidet ab, weide sie hernach aus, nehme das „Khröll“, die Innereien, hacke es klein und tue dazu „Khrähüern, Äschschmalz, Püber- und Otterfaisten, ein wenig Wolgemuet und foerum graecum“, tue alles fein gehackt wieder in die Katze hinein, nähe sie zu und brate sie gut durch, bis man „vermaint, daß sie dem Fux annemblich sei. Solche Katz zeuch, keder oder lueder darvon oder grabs auf die Gewenstötten ein, so wierdest du Wunder sechen.“ Als eine schlechte, der „Vernunft“ aber keineswegs entgegenstehende Erfindung bezeichnet Strasser den

Fang von Füchsen mittels einer Radnabe, an deren engerer Öffnung ein Drahtkorb mit lebenden Mäusen befestigt wurde. In die entgegengesetzte, größere Öffnung der Nabe führte ein trichterförmiger Kranz spitzer, elastischer Nägel, an denen der Fuchs mit dem Kopf hängenblieb, wenn er die verlockenden Mäuse zu erbeuten versuchte. Wie lange sich ein auf so bestialische Weise gefangener Fuchs quälen mußte, bevor er verendete, kann man sich nicht ausmalen, ohne daß einem kalte Schauer über den Rücken laufen.

Auch dem Rotwild stellte man im Mittelalter in einer uns heute abstoßenden Weise nach. Neben der unseren Vorstellungen von waidgerechter Jagd längst nicht mehr entsprechenden Bejagung des Wildes mit Netzen und Tüchern, kannte man mancherlei andere, uns heute entsetzende „Manieren und Inventionen, die Hürsch zu fachen". Eine dieser Inventionen bestand in der Gepflogenheit, an Zwangswechseln mit Knüppeln – „ongefär ainen Klaffter lang" – versehene Schlingen an starken Seilen zu befestigen. „Wan nun ain Tier", so Strasser, „in ain sollichen Schling laufft, so laufft es mit den Schling in den Waldt, der Prügl aber an dem Sail schlögt sich umb die Paim (Bäume) mit dem Sail und würfft das Tier und khan man es also mit ainem Tierspieß fangen." Andere Methoden, die selbst Strasser als „nit waidmanisch" betrachtet, sahen für den Fang von Rotwild in Suhlen ausgelegte, mit starken Seilen befestigte Schlageisen oder, noch übler, viereckige, eng mit trichterförmig angeordneten Nägeln versehene Holzrahmen, sogenannte Drauchen, vor. Trat das Wild mit dem Lauf in einen derartigen Drauch, griffen „die Spitzen der Nögl in den Lauff des Tiers, und je störkher das Tier den Lauff an sich zeuchet, je störkher und tüeffer greifen die Nögl in den Lauff des Tiers". Auch der Drauch wurde, wie das Schlageisen, mit Seilen befestigt. „Wan nun ain Tier also in ain sollichen zuegerichten Drauch drit, so zukht es den Lauff balt an sich, reißt den Drauch aus dem Loch, zeucht mit dem Lauff und dem daran hangeten Drauch den Schling an dem Sail zusammen und ist also gefangen."

Doch schenken wir uns weitere Bilder eines Handwerks, dem wir uns als Jäger zwar selbst verschworen haben, von dessen unmenschlicher Grausamkeit uns jedoch Jahrhunderte trennen! Um aber die uns heute erschreckende Mentalität der Jäger noch ausgangs des Mittelalters zu begreifen, ist es erforderlich, daß wir uns mit ihrem gesellschaftlichen, ungemein stark von einer in Dogmen erstarrten Kirche beherrschten Umfeld vertraut machen. Nur so können wir erkennen, woher wir gekommen sind und wohin wir zu gehen haben. Mag uns auch eine unseren Vätern gleiche Jagdleidenschaft beherrschen – die Wege, die wir zu gehen haben, dürfen zu keiner Stunde der Demut vor Gott und der Barmherzigkeit seinen uns anvertrauten Geschöpfen gegenüber entbehren.

Weder Erbarmen mit der Kreatur noch mit dem Menschen

Den Argumenten, die Strasser und seine Zeitgenossen für die Rechtfertigung der Jagd fanden, können wir noch heute ohne Einschränkung zustimmen. Auch das hohe Niveau mittelalterlicher Jagdkultur ist nicht zu bestreiten; man denke nur an die hervorragenden Werke der Jagdmaler, der mittelhochdeutschen jagdlichen Dichtung, der zu hohem Ruhm gelangten Büchsenmacher, Elfenbeinschnitzer und Jagdwagner. Waidmannssprache und jagdliches Brauchtum standen in einer Blüte, deren Kraft sich bis heute nicht verloren hat. Die Eigensucht fürstlicher Jäger, das Wild in Bannforsten allein für eigene jagdliche Freuden zu hegen, führte, aller Kritik zuwider, zur Bewahrung der Wildbestände, deren Existenz drastisch gefährdet war, als 1848 ein extrem liberales Jagdrecht vorübergehend jeder nachhaltigen Hege des Wildes den Boden entzog. Allein soziale Mißstände und gefühllose Grausamkeiten der verfolgten Kreatur gegenüber lassen uns heute mit Abscheu auf die jagdlichen Gepflogenheiten des Mittelalters blicken. Wobei es für die Mentalität der Menschen des Mittelalters bezeichnend ist, daß sich seinerzeit die Kritik selbst verantwortungsbewußter Männer ausschließlich an den sozialen Mißständen, nicht aber an der brutalen Verfolgung des Wildes entzündete.

Cyriacus Spangenberg, Generaldekan der Grafschaft Mansfeld, beklagte in seinem 1560 erschienenen ‚Jagteuffel' die Unterdrückung und Beschwerung der armen Leute mit den Worten: „Man rennet den Unterthanen umb eines Hasen oder zweier Hüner / oder anders Wild halben durch jhre Ecker / Wiesen und Garten / wobei die Früchte getreten / das Getreidig geschleifft / Winstöcke gestossen / und allenthalben großer Schaden den armen Leuten zugefügt wird. / Die Bauern müssen für Treiber dienen / und alles in der Wirtschaft versäumen / wie können dan dabey die Unterthanen zu letzt bleiben oder zur narung kommen? / Und wie sollen sie der Herrschafft geben und dienen?"

Martin Luther meinte: „Jagen ist ein ehrlich Kurtzweil und Lust / denen erleubet und vergünnet / die sich one gewaldsam und unrechte vergreiffunge an yren Unterthanen / und auch one schaden und verderb derselben gebrauchen / Wo es aber anders gehet / da ist Jagen der aller ergeste und schedlichst handel."
Aufschlußreich im Hinblick auf die oft harte Bestrafung von Wilderern ist ein von Heinrich Zedler in Leipzig verlegtes Werk, in dem es noch 1743 wörtlich heißt: „Ob es aber recht oder unrecht sey / einem / der freventlich und wieder das Verbot des Fürsten ein Wild erschüsset / das Leben zu nehmen / wird noch sehr bestritten. Doch / weil es gleichwohl wieder das ausdrückliche Verbot des Fürsten geschiehet / ist es allerdings gerecht."
Äußerungen wie diese finden wir in der Literatur des Mittelalters in beliebiger Zahl; sie sprechen vorwiegend das Elend unterdrückter Menschen an, nirgends aber stoßen wir auf eine Verurteilung der rohen, unbarmherzigen Bejagung des Wildes. Ob Jäger oder Nichtjäger, die Menschen des Mittelalters kannten kein Erbarmen mit der Kreatur – und auch nicht miteinander. Sie lebten in einer Zeit, in der Papst Innozenz VIII. die Inquisitoren Heinrich Institoris und Jakob Sprenger beauftragt hatte, in Deutschland die Hexen auszuspähen und auszurotten. Wie ein Alpdruck lag das Gespenst des Hexenwahns auf der Bevölkerung. Im Bezirk Ansbach wurden über 1400 als Hexen verschriene Menschen gefoltert, gegen 309 von ihnen auf Pranger und Staubbesen erkannt und 474 hingerichtet. Im Amt Lohr (Main) wurden in der Zeit von 1576 bis 1630 (1626 schrieb Strasser sein „Puech von allerlei Jägern und Waidmanschafften") 141 Personen verbrannt. Im würzburgischen Amt Rothenfels wurden unter dem Fürstabt Balthasar von Dernbach innerhalb von vier Jahren 250 Hexen hingerichtet. Im Amt Miltenberg überantwortete man Ende der zwanziger Jahre des 17. Jahrhunderts 168 Menschen dem Scheiterhaufen. Ein einziger Hexenrichter, namens Remigius, konnte sich Ende des 16. Jahrhunderts rühmen, im Namen Christi in Lothringen 800 Hexen dem Feuer übergeben zu haben. Unmenschliche Torturen mußten die dem religiösen Wahnwitz zum Opfer gefallenen Personen

vor ihrem Feuertod erdulden. Mittel der Tortur, die mehrere Grade kannte, waren Peitschenhiebe bei ausgespanntem Körper, Zusammenpressen der Daumen oder der Füße mit Schraubstöcken, Ausrecken des Körpers auf einer Leiter und Brennen mit glühenden Zangen in der Seite oder an den Nägeln.
Immer breitere Ausmaße nahm der Hexenwahn an. Durch die päpstlichen Bullen von Alexander VI., Julius II., Leo X., Hadrian VI. und Clemens VII. wurde die Hexenverfolgung auch für die übrigen europäischen Länder sanktioniert. Hexenprozesse waren in den protestantischen Ländern ebenso häufig wie in den katholischen. 1628 berichtete der coburgische Zentgraf Kaspar Langen von dem sonst sehr aufgeklärten Herzog Johann Kasimir: „Seine fürstliche Gnaden hatten sich endlich entschlossen, die Hexen und Drutten, beides hier uf'n Lande, so viel möglich, exterminiren, ausrotten und zu gebührlicher, wohlverdienter Straf, die Reichen mit den Armen und die Alten mit den Jungen, nehmen zu lassen, maßen der Anfang darzu bereits gemacht worden."
Eine der übelsten Begleiterscheinungen, wenn nicht gar die Haupttriebfeder der irrsinnigen Hexenprozesse lag in der schamlosen, oft unverhohlenen Absicht der Inquisitoren, sich durch den Tod ihrer Opfer zu bereichern. Berühmt und berüchtigt wurde in dieser Hinsicht ein „Doctor juris Buirmann, der im Verein mit Caspar Liblar und Dr. Möden eine gräuelhafte Verfolgung der Hexen im Oberstifte der Erzdiöcese Köln sowie im Jülich'schen und der abteilichen Stadt Siegburg in den Jahren 1631 bis 1636" organisierte.
„Dieses Kleeblatt suchte namentlich reiche Bürger, Männer wie Frauen, unter dem Vorwande der Hexerei in seine Hände zu bekommen, um sich durch die Confiscation des Vermögens der Verurtheilten zu bereichern." Etwa 120 bis 130 Personen wurden auf Buirmanns Anklage hin verbrannt. Als der Pfarrer Hubertus von Meckenheim mutig von der Kanzel herab gegen die Justizmorde Buirmanns eiferte, wurde er selbst als Zauberer inhaftiert; seine Rettung vor dem sicheren Feuertod verdankte er allein hoher fürstlicher Protektion. Übler erging es dem Vogt Dr. Andreas Schweygel; als dieser energisch gegen die grausame

Folterung einer reichen Witwe protestierte, wurde er selbst als Hexer dem Feuertod überliefert. Nicht zu Unrecht klagte ein Zeitgenosse, „daß die armen die reichen besagen als Zauberer, damit sie pardt und theil an ihren Gütern bekommen". Historiker schätzen die Zahl der nach grausamen Folterungen auf dem Scheiterhaufen verbrannten Opfer im europäischen Raum auf weit über eine Million Menschen.

In der Neuen Welt, dem soeben entdeckten Amerika, rottete Hernando Cortez unter Duldung des christlichen Abendlandes das Volk der Azteken, Francisco Pizarro das Volk der Inkas aus. Neger wurden zu Hunderttausenden unter unvorstellbarer Grausamkeit in Afrika aufgegriffen, verschleppt und wie Vieh gehandelt.

Bei einer derartigen Mißachtung menschlichen Lebens seitens einer sich christlich nennenden Gesellschaft konnte man von den Jägern keinerlei Mitgefühl für die gequälte Kreatur erwarten; auch sie waren Kinder ihrer Zeit, und es wäre ungerecht sie deswegen zu verurteilen. Wollte man es dennoch tun, würde es die Gerechtigkeit gebieten auch die Kirche an den Pranger zu stellen, die bis heute in ihrem Weltbild noch keinen gebührenden Platz für das Tier als Ausdruck göttlicher Schöpfung fand. Fast zweitausend Jahre hat sich die Kirche einer Antwort auf die Frage, ob auch Tiere eine Seele haben, entzogen. Was aber haben wir unter dem Begriff Seele zu verstehen? Folgen wir den unterschiedlichen Aussagen sich vielfach widersprechender Philosophen, wird die Seelenfrage so verwickelt und unklar, daß wir schwer zu einer klaren Definition gelangen. Professor August Bier führt in seinem Buch „Die Seele" die Psychologie wieder auf „die uralte Wahrheit (zurück), die alle Naturvölker erkannt haben, daß die Seele das belebende Prinzip des Organismus darstellt und daß das Leben entflieht, sobald sie den Körper verläßt ... Ich stelle deshalb wieder klar in den Vordergrund: Das Wesen der Seele ist die Belebung. Die Seele kommt deshalb auch jedem Lebewesen ohne Ausnahme zu."

Den Naturmenschen galten noch, wie uns die Mythen der Urzeit beweisen, alle Dinge der Außenwelt als beseelt. Selbst bei nüchterner, verstandesmäßiger Betrachtung der Natur können wir

das Tierreich in der Anwendung des Begriffs der Seele nicht ausschließen; betrachten wir die Pflanzen als Geschöpfe Gottes, glauben wir auch ihnen als lebendigen Wesen eine Seele zuschreiben zu müssen. Die etliche Jahrhunderte v. Chr. lebenden Philosophen Parmenides, Empedokles, Demokritos und Anaxagoras sprachen von der Psyche der Tiere als etwas Selbstverständlichem. Aristoteles (384–322 v. Chr.) glaubte zwar, daß allein der Mensch die Fähigkeit habe, Begriffe zu bilden und logische Schlüsse zu ziehen, doch billigte auch er den Tieren Empfindungsvermögen und durch Willensimpulse geleitete Handlungsfähigkeiten zu. Der Philosoph Porphyrios (233–304 n. Chr.) sah im Körperlichen wie im Geistigen keine prinzipiellen, sondern nur gradweise Unterschiede zwischen Tier und Mensch. Descartes (1569–1650), dem Begründer einer dogmatisch-rationalistischen Philosphie, blieb es vorbehalten, den Tieren geistiges Leben gänzlich abzusprechen, sah er doch in ihnen nur eine Art von Automaten, deren Handlungen allein von festgelegten Normen gesteuert werden. Seine blut- und seelenlose Lehre, teils verknüpft mit den Gedanken des Aristoteles, stärker aber noch mit Dogmen der Kirche, trug in der scholastisch überspitzten Philosophie des späten Mittelalters zur völligen Verneinung eines Seelenlebens der Tiere bei und damit zu der Erbarmungslosigkeit, mit der man Gottes Geschöpfen begegnete.
Mystiker, wie Meister Eckart, Paracelsus und Jacob Böhme, zogen sich ob ihrer inbrünstigen Liebe zur Natur und ihres pantheistischen Glaubens, Gott und die Welt seien eins, die Feindschaft der um das Seelenheil der Menschen besorgten und machtpolitisch doch so stark auf das Diesseits ausgerichteten Kirche zu. Johannes Erigena (833–880), der einst an der Hochschule zu Paris Theologie und Philosophie gelehrt und unter dem Einfluß der Kirchenväter die Bewunderung der Natur als eine dem Ehebruch vergleichbare Sünde bezeichnet hatte, blieb in seiner Haltung noch lange Zeit Beispiel für eine die Natur als stärksten Ausdruck göttlicher Schöpfung ablehnende Betrachtungsweise mittelalterlicher Gedankenwelt.
Franz von Assisi, das reinste Urbild katholischer Mystik, der bei aller Versenkung in die Welt der Himmel die Augen vor

der irdischen Welt nicht verschloß, deren Jammer er nicht in trübem Mißmut abzubüßen, sondern mit freudigem Frohsinn zu verklären trachtete, pries in seinem „Sonnengesang“ (Laudes creaturarum) die ganze Schöpfung, in deren Dienst er sich zum Lob Gottes gestellt sah. Seine noch auf dem Sterbebett (1226), gesungene Hymne an die „Mutter Erde“, an die „Brüder Sonne, Wind und Feuer“, an die „Schwestern Mond, Sterne und Wasser“, die nicht einen einzigen Glaubenssatz der Kirche berührte, war der Herzenserguß eines Mannes, der ganz Religion geworden war und in einem von aller Dogmatik befreiten Lobgesang der Allmacht Natur zujubelte.

Seine dem altissimu, bon signore, dem Höchsten, dem gütigen Herrn, dargebrachte Huldigung stieß seitens der Kirche ebenso auf Unverständnis und Ablehnung wie dreihundert Jahre später das der Naturforschung eine erste Bahn brechende Werk des Paracelsus und wie vierhundert Jahre nach Franz von Assisi die Lehre des Mystikers Jacob Böhme, der sich anmaßte, die Natur über die Heilige Schrift zu stellen: „Du wirst kein Buch finden, da du die göttliche Weisheit könntest mehr inne finden zu forschen, als wenn du auf eine grünende und blühende Wiese gehest: da wirst du die wunderliche Kraft Gottes sehen, riechen und schmecken, wiewohl es nur ein Gleichnis ist, aber dem Suchenden ist's ein lieber Lehrmeister, er findet gar viel allda.“

Noch ausgangs des Mittelalters, des großen Zeitraums der Geschichte vom Untergang des weströmischen Reiches (476) bis zum Beginn der deutschen Reformation (1517), besaß die absolute Monarchie des Papsttums das Übergewicht über alle weltlichen Gewalten. In starren Dogmen verhaftet, fand die Kirche scharfe Kritiker in den Humanisten, deren Kampf mit der herrschenden Scholastik nirgends heftiger und dramatischer gewesen ist als in Deutschland. Ihnen gesellten sich fortschrittliche Männer zu, die, wie bereits Roger Bacon (1214–1294), als Gegner der Scholastik und Ankläger einer in gröbster Unwissenheit und Sittenverderbnis verharrenden Geistlichkeit ein endlich von der Schrift und von theologischen Rücksichten freies Studium der Naturwissenschaften forderten. Solange sich die Kir-

che und die sie verteidigenden, längst den religiösen Ernst verlorenen Scholastiker nicht einer lebensvollen, naturnahen Gestaltung der Wissenschaften anzuschließen vermochten, mußte die Bevölkerung in dumpfem Aberglauben befangen und damit ohne jedes Empfinden für Gottes Kreaturen bleiben.
Im Januar 1990 – welch merkwürdige Fügung! – ereignete sich auf dem Petersplatz in Rom etwas Denkwürdiges. Zum ersten Mal in der über 1900 Jahre alten Geschichte des Papsttums erkennt ein Papst an, daß auch Tiere eine Seele haben.
Papst Johannes Paul II. begründete diese Feststellung mit den Psalmen 103 und 104: „In diesen Psalmen wird kein Unterschied zwischen Mensch und Tier gemacht. Es heißt da: ‚Es warten alle auf dich, daß du ihnen Speise gebest zur rechten Zeit. Wenn du ihnen gibst, so sammeln sie; wenn du deine Hand auftust, so werden sie mit Gutem gesättigt.‘ Der Mensch, aus den Händen Gottes entlassen, erscheint gleich mit allen Lebewesen. Die Existenz der Kreatur hängt damit vom Eingreifen des Heiligen Geistes ab, der das Angesicht der Erde nicht nur schafft, sondern erneuert und am Leben erhält."
Wie stark die Öffentlichkeit von dieser Aussage des Papstes berührt wird, kommentierten ‚Corriere della Sera‘: „Der Papst öffnet den Tieren das Paradies"; ‚La Stampa‘: „Die Tiere sind nahe bei Gott"; ‚Il Giorno‘: „Auch der Hund kommt in den Himmel".
Bis dahin die Tiere als seelenlose Sache betrachtend, mußte sich kein Christ mit Skrupel belasten, sich des Wildes auf welche Weise auch immer zu bemächtigen. Um so dankbarer müssen wir Papst Johannes Paul II. sein, daß er als erster Papst in der langen Geschichte des Papsttums ein Seelenleben der Tiere anerkannte. Gewiß wird diese Verkündigung weder die Tiere noch uns in ein Paradies führen. Als Jäger bleiben wir berufen, Tiere zu töten, um Leben zu bewahren. Das aber können wir ohne schuldig zu werden nur tun, wenn wir den uns anvertrauten Geschöpfen mit dem Respekt begegnen, den wir ihnen nicht weniger als ihrem Schöpfer schuldig sind.

Umbruch im Zeitalter der Romantik

Im Oktober 1953 erschien in einer niedersächsischen Regionalzeitung folgender, von einem Teichwirt verfaßter Bericht: „Fischräuber kurzgehalten. Wenn man sich vergegenwärtigt, daß ein einziger Fischadler pro Tag etwa 3 bis 4 Pfund, ein Fischreiher rd. 1 Pfund Fische verschlingt, so kann man den gewaltigen Schaden, den diese gefährlichen Räuber bei starkem Auftreten in den Teichwirtschaften verursachen, leicht ausrechnen. Dabei ist allerdings zu berücksichtigen, daß die Reiher etwa 3 Monate lang einfliegen, während die Fischadler ein kürzeres Gastspiel von rd. 6 Wochen geben. In Teichwirtschaften ist der Abschuß bzw. das Fangen der sonst geschützten Fischadler erlaubt. Wie stark sich die gefräßigen Schädlinge vermehrt haben und aufgetreten sind, zeigen folgende Zahlen: Obwohl man natürlich nur einen geringen Prozentsatz zur Strecke bringt, so sind doch in den Teichbetrieben unseres Kirchspiels während des vergangenen Sommers und Herbstes etwa 40 Adler und über 100 Fischreiher erlegt worden. Damit waren grob gerechnet etwa 150 Zentner Fischfleisch für den menschlichen Verzehr gerettet."

Zwei Jahre zuvor war mir in dem genannten Kirchspiel, im südlichen Teil der Lüneburger Heide, eine Revierförsterei übertragen worden; die im Kirchspiel gelegenen Teichwirtschaften waren mir im wesentlichen bekannt. Als ich seinerzeit den vorstehenden Bericht las, glaubte ich mich in die Zeit des Adlerjägers Leo Dorn zurückversetzt, wenngleich hier keine Jäger, sondern ausschließlich Teichwirte am Adler- und Reihermord beteiligt waren. Die Grausamkeit, mit der das geschah, unterschied sich in nichts von der Erbarmungslosigkeit, mit der man im Mittelalter dem Wild nachgestellt hatte, wurden doch die 40 Adler und über 100 Reiher fast ausnahmslos in Eisen gefangen, die ihnen Fänge und Ständer brutal zerschlugen; wiederholt mußten derartig verletzte, den Pfahleisen entkommene Adler und Reiher von Jägern und Polizeibeamten durch Fangschüsse von ihrem Leiden erlöst werden.

Empört über das Verhalten der Teichwirte, bezichtigte ich sie in der Presse und in Berichten an den Jagdschutz-Verband, an die Landesjägerschaft und an die Jagdbehörden übelster Tierquälerei, die durch nichts zu rechtfertigen sei. Es war für mich und andere Naturfreunde, die sich ebenfalls für den Schutz der Adler und Reiher eingesetzt hatten, eine Genugtuung, daß deren brutaler Verfolgung durch behördliche Maßnahmen alsbald ein Ende gesetzt wurde, und das trotz der seinerzeit noch bestehenden, im § 19 des Bundesjagdgesetzes verankerten Ausnahmeregelung, die den Fang von Adlern und Fischreihern mittels Pfahleisen im Bereich künstlicher Teiche gestattete. In diesem Fall hatten örtliche Behörden mit berechtigtem Erfolg Bestimmungen des Tierschutzgesetzes über die im Bundesjagdgesetz enthaltene Ausnahmeregelung gestellt. Inzwischen verbietet auch das Bundesjagdgesetz grundsätzlich die Verwendung von Pfahleisen für den Fang von Adlern und Reihern.
Es wäre jedoch Heuchelei, hier die den grausamen Machenschaften der Teichwirte in nichts nachstehenden üblen, noch bis in die dreißiger Jahre unseres Jahrhunderts von den Jägern betriebenen Fangmethoden zu verschweigen. Erst mit dem 1934 erlassenen Reichsjagdgesetz wurde der Fang von Füchsen in Tellereisen und von Krammetsvögeln in Roßhaarschlingen, den sogenannten Dohnen, verboten. Bis dahin hatten sich noch manche Jäger dieser brutalen Instrumente ohne Skrupel bedient. Noch deutlich erinnere ich mich aus meiner Jugend des kläglichen Anblicks der mit zerschlagenen Läufen im Eisen sitzenden Füchse und der erwürgten Wacholderdrosseln, deren qualvolles Sterben endlich den Widerspruch einer humaner empfindenden Generation hervorrief.
Seit Ende des Mittelalters sind fünf Jahrhunderte vergangen, kaum mehr als fünf Jahrzehnte seit Inkrafttreten des Reichsjagdgesetzes, das erstmals juristisch den Begriff deutscher Waidgerechtigkeit prägte, deren ethische Grundsätze die Jäger verpflichten, das als Volkseigentum bezeichnete Wild human zu bejagen und ihm die Lebensgrundlagen zu sichern. Die Nachdrücklichkeit, mit der seinerzeit ein autoritäres Regime die von ihm erlassenen Gesetze vertrat, garantierte ihre strikte Befol-

gung. Heute müssen Vernunft und Einsicht die Jäger leiten, ein Gesetz zu befolgen, das, in das Bundesjagdgesetz aufgegangen, immer noch als eines der besten Jagdgesetze der zivilisierten Welt gilt. Daß in diesem Zusammenhang von verantwortungsbewußten Jägern eine schärfere Auslegung des Begriffs deutscher Waidgerechtigkeit mit dem Ziel einer nachdrücklicheren Anwendung entsprechender Strafbestimmungen und einer konsequenteren Disziplinarordnung gefordert wird, ist in Anbetracht unserer demokratischen, mehr auf Einsicht als auf Zwang beruhenden Gesellschaft nicht verwunderlich.

Es war ein langwieriger, über Jahrhunderte anhaltender und von Rückschlägen begleiteter Prozeß, der, noch keineswegs abgeschlossen, zur gegenwärtigen Auffassung von einer waidgerechten Bejagung des Wildes führte.

Es würde ein eigenes Kapitel beanspruchen, auch nur einen gerafften Überblick über die auch nach dem Mittelalter von fürstlichen Jägern und Jagdbediensteten noch praktizierten abstoßenden Jagdmethoden zu geben, wie sie sich in Massenstrecken, roher Mißhandlung der Kreatur und erbarmungsloser Bestrafung von Wilderern bis in die Neuzeit dokumentieren. Nur einige Beispiele mögen hier als Nachweis dafür dienen.

1832 bis 1840 schrieb Karl Julius Weber seinen zwölf Bände umfassenden ‚Demokritos, oder hinterlassene Papiere eines lachenden Philosophen'. Im Kapitel ‚Die Jagdlust' lesen wir „von Kurfürst Johann Georg von Sachsen, daß er während seiner Regierung (1611–1653) geschossen, gefangen und gehetzt habe 113 629 Stück Wild". Im selben Kapitel heißt es: „Noch 1666 sah man in der Wetterau Hirsche, worauf festgeschmiedete Wilderer ritten." Und: „Selbst der sanfte Salzburger Krummstab erneuerte noch 1772 das alte Gesetz: ‚Wer einen Steinbock tödtet oder verwundet, kommt zehn Jahre auf die Veste und erhält am Jahrestag der That fünfzig Prügel, im Wiederholungsfall aber verliert er die rechte Hand und kommt zeitlebens um seine Freiheit'."

An anderer Stelle dieses Kapitels heißt es: „Der größte Jäger vor dem Herrn, in den sicher die Seele Nimrods eingewandert ist, war noch in unsern Zeiten König Ferdinand von Neapel, der seinem Vater zu Madrid wöchentliche Jagdberichte erstattete, und allein auf seiner deutschen Reise (1790) 1820 Schweine, 1968 Hirsche, 15 350 Fasanen und 16 324 Hasen zu erlegen die Gnade hatte." So unglaubwürdig diese Zahlen auch sind, vermitteln sie uns doch einen Eindruck von der Mentalität fürstlicher Jäger noch Ende des 18. Jahrhunderts. Dokumentarisch durch ein über 44 Jahre geführtes Jagdbuch belegt ist hingegen die vom Großherzog Georg von Mecklenburg-Strelitz im 19. Jahrhundert erzielte Strecke von 4069 Stück Wild, vornehmlich Sauen, Hirsche und Damschaufler. Aus einem mir im Original vorliegenden Streckenbuch der Jahre 1856 bis 1858 geht hervor, daß einem Jagdaufseher zu dieser Zeit das Vergiften von Füchsen mit einer Prämie von 1,75 Mark je Fuchs honoriert wurde und man sich nicht scheute, Alttiere und Ricken in den Monaten März, April und Mai, also wenige Wochen vor dem Setzen, zu erlegen.

Erinnern wir uns obendrein des zuvor gerügten, noch in unserem Jahrhundert praktizierten Fangs von Füchsen in Tellereisen und von Krammetsvögeln in Dohnen, wird uns bewußt, über einen wie langen Zeitraum sich die Evolution dessen erstreckte, was wir heute unter waidgerechter – sprich humaner – Bejagung des Wildes verstehen. Daß der „Wandel im Waidwerk" nicht erst durch das Reichsjagdgesetz kraft plötzlicher Verordnung, sondern als (stets noch zu verbesserndes) Ergebnis einer langen Entwicklung herbeigeführt wurde, entspricht dem langwierigen Reifeprozeß der menschlichen Gesellschaft auch auf anderen Gebieten. Die Überwindung finsteren Aberglaubens, wie er in den Greueln der Inquisition zum Ausdruck kam, ist nur ein weiteres Beispiel dafür; auch hier bedurfte es Jahrhunderte, bis dem Schrecken des Hexenwahns ein Ende bereitet war.

Im Mittelalter war die Jagd zum Vergnügen eines bevorzugten Standes geworden. Höfisches Leben bestimmte Gesinnung und Haltung der auf strenge Formen bedachten, in erstarrtem Brauchtum und kunstgerechtem Handwerk verharrenden Jäger. So sehr sie die Jagd auch schon als edles Waidwerk empfanden, fehlten ihnen doch als verhaltensbestimmende Einflüsse für eine humanere Bejagung des Wildes Mitempfinden mit der Kreatur und Verständnis für eine Chancengleichheit ihr gegenüber. Eine einzige Stimme unter den Jägern des Mittelalters rührt uns an, es ist die Stimme des in der ersten Hälfte des 14. Jahrhunderts lebenden Dichters Hadamar von Laber. In seinem allegorischen Liebesgedicht „Die Jagd" stellt er sich selbst als Jäger dar, der mit dem Herzen die Geliebte, das Wild, verfolgt und deren Leiden mitempfindet. Scharf geißelt er in seiner Dichtung die schießwütigen Jäger, die das Unsichere, das Wild in wechselnden Situationen auch tödlich zu treffen, billig in Kauf nehmen. Er blieb ein Rufer in der Wüste.

Der Einfluß, der von den schwärmerischen Mystikern mit ihrer Hinwendung zur Natur als göttlicher Offenbarung und von den Humanisten mit ihrer Forderung nach Freiheit für eine naturnahe Wissenschaft ausging, läßt sich nur schwer abschätzen. Gänzlich ohne Wirkung ist eine fundierte Kritik an der Gesellschaft jedoch nie geblieben, noch immer höhlte jeder Tropfen den Stein.

Um die Wende vom 18. zum 19. Jahrhundert dann tritt innerhalb weniger Jahrzehnte ein tiefgreifender Umbruch im Denken und Empfinden der Menschen ein. In Frankreich befreit sich das Volk von einer verkrusteten Monarchie. Freiheit, Gleichheit, Brüderlichkeit lautet seine Losung, die dennoch vielfachen Mord an verhaßten Gegnern nicht ausschließt und am Ende einem neuen Usurpator den Weg zur Gewaltherrschaft über ganz Europa öffnet. Der Kampf gegen ihn macht dem in Prunk und Isolation vom Volk erstarrten höfischen Leben ein Ende. Man kleidet sich einfacher, Zopf und Perücke fallen, und mit ihnen vom Standesdünkel errichtete Schranken zwischen Fürsten und Untertanen. Man ist aufeinander angewiesen im Kampf gegen Napoleon Bonaparte. Nationalstolz läßt das eigene Land als Heimat erkennen, ihre Bedrohung den ästhetischen Sinn für ihre vielfachen Schönheiten reifen.

Das mit dem Ende des 18. Jahrhunderts beginnende Zeitalter der Romantik regt die Fantasie an, die Landschaft als etwas Wunderbares zu begreifen, in das als lebendigster Ausdruck der Schöpfung das Tier gestellt ist, dem man nicht mehr nur als Beute Beachtung schenken kann. Dichter und Philosophen offenbaren den Menschen die Landschaft als etwas Neues, als etwas bislang nie Empfundenes. Die Menschen haben das Brot gegessen, das ihnen aus der Erde entgegenwuchs; nun spüren sie, daß ihnen aus der Landschaft, aus ihrer Schönheit und Gewalt, aus ihrem Gesetz und ihrer Ästhetik, auch die Nahrung der Seele kommt. Unbeholfen noch versuchen sie ihren Empfindungen Ausdruck zu geben, und willig lassen sie sich einfangen von Dichtern und Philosophen, die gültig auszusagen wissen, was sie solcherart bewegt.

Immanuel Kant sagt ihnen:

Freue dich, höchstes Geschöpf der Natur,
du fühlst dich fähig,
Ihr den höchsten Gedanken, zu dem sie
schaffend sich aufschwang,
Nachzudenken. Hier stehe nun still
und wende die Blicke
Rückwärts, prüfe, vergleiche und nimm
vom Munde der Muse,
Daß du schauest, nicht schwärmst,
die volle Gewißheit.

Ernst Moritz Arndt spricht ihnen vom Grund des Gebäudes jeder Verfassung als vom Grund selbst, auf dem sie leben. Er glaubt, daß der Mensch und die Erde, über die er geht, in gegenseitiger Einwirkung und Abhängigkeit stehen, und daß der Mensch desto schlechter und erbärmlicher wird, je weniger er die Natur in den Stand zu versetzen weiß, den an Leib und Seele tüchtigsten Menschen zu formen. Arndt spricht hier als Philosoph zu ihnen, der nach dem Sinn hinter den äußeren Erscheinungen sucht. Das ist gewiß auch das Anliegen des Dichters. Doch während der Philosoph über die Dinge redet, läßt der Dichter die Dinge selbst reden. Er zwingt den Menschen nicht eine Wirklichkeit an sich auf, sondern zeigt ihnen die umfassende Wirklichkeit, in der sie leben, und vertieft diese umfassende Wirklichkeit durch die Kraft seiner Sprache, die sich nicht an den nüchternen Verstand des Menschen, sondern an seine Seele wendet. Dichterisch werden Arndts Worte, wenn

Noch kannte man kein Erbarmen mit der Kreatur.

Das Ende des von Hunden gepackten, im Netz verstrickten Hirsches läßt uns schaudern.

Noch 1953 wurden in einem Kirchspiel des Kreises Celle 40 Seeadler in Pfahleisen gefangen.

er fortfährt: „Wer das Land verwüstet, wer ihm die Wälder auszieht, der beraubt den Menschen an seinem köstlichsten Teil. Seinem Auge wird mit der Schönheit die Freude genommen, also daß er in Einförmigkeiten und Einerleiheiten erstockt. Die spielenden und sehnsüchtigen Geister des Himmels kommen nimmer mehr so froh und freundlich zu ihm herab, die Seen und Bäche werden ärmer, und niemand kann seine Seele mehr an ihnen erlaben und sich zuweilen in die Unendlichkeit hineinspielen."

Goethe schreibt 1779 unter dem Eindruck der gewaltigen Welt der Berge in seinen ‚Briefen aus der Schweiz': „Hätte mich nur das Schicksal in irgendeiner großen Gegend heißen wohnen, ich wollte mit jedem Morgen Nahrung der Großheit aus ihr saugen, wie aus meinem lieblichen Tal Geduld und Stille." Auch er empfängt aus der Landschaft Impulse, die sich in Stimmung und Gefühl umsetzen und seine Seele zum Spiegelbild der Landschaft werden lassen.

Dichter, wie Wildungen, Eichendorff, Münchhausen, Pfeil u. a. öffnen den Jägern die Augen für die Schönheit und Ästhetik unserer grünen Welt.

Schopenhauer empfindet zwar unsere Welt als die schlechteste unter den möglichen Welten, weil die Summe der durch das Leben aufgedrungenen Schmerzen weit beträchtlicher ist als die der Genüsse, doch spürt auch er die sehnsüchtige Verbundenheit des deutschen Menschen mit der Landschaft. Ein Leben lang bleibt es ihm aufgegeben, die Leiden nicht nur der Menschen, sondern aller Kreatur mitzutragen. Als die Königliche Dänische Akademie Gelehrten die Preisfrage nach der Grundlage aller Moral stellt, nennt Schopenhauer als ihr tiefstes Fundament das Mitleid. Seine Antwort ist „das Bekenntnis eines großen Herzens, das das tiefste und wärmste Verständnis für die Not aller Kreatur hegt". Während der Mensch, so Schopenhauers Betrachtung, Erlebtes durch Erinnerung und Gedächtnis noch einmal in abstrakter Vorstellung zu reflektieren und sich damit zuweilen dem harten Zwang der Gegenwart zu entziehen vermag, bleibt das Tier stets und unmittelbar der schmerzvollen Gegenwart ausgesetzt. Für ihn hat auch das Tier als Geschöpf

Gottes ein Recht auf Erlösung am Tag der Weltvollendung. Da sich das Tier nicht selbst erlösen kann, muß es der Mensch mit erlösen.

Auf Goethes Spottvers: „Wundern kann ich mich nicht, daß die Menschen die Hunde lieben, denn ein erbärmlicher Schuft ist wie der Mensch so der Hund", antwortet Schopenhauer: „Wundern darf es mich nicht, daß manche die Hunde verleumden, denn es beschämet zu often leider den Menschen der Hund." Den Verlust eines Hundes beklagt er seinem späteren Biographen Frauenstädt gegenüber mit den Worten: „Meinen teuern, lieben, großen, schönen Pudel habe ich verloren; er ist vor Altersschwäche gestorben, nicht ganz zehn Jahre alt. Hat mich inniglich betrübt und lange." Mitleid ist für ihn mit Liebe identisch, die fremdes Leid in eigenes zu verwandeln vermag. Je älter er wird, desto mehr wächst seine Menschenverachtung, mit ihr aber seine Liebe zum Tier. Als 1841 in Frankfurt a.M. ein Tierschutzverein gegründet wird, zählt Schopenhauer zu einem der ersten Mitglieder. Sein Einfluß auf die Gesellschaft, von überzeugender Beredsamkeit getragen, ist im Hinblick auch auf die Evolution des Begriffs deutscher Waidgerechtigkeit kaum zu überschätzen.

Schopenhauers Philosophie des Mitleids begründet ein neues Verhältnis zum Tier. Sein Wirken trägt zur Gründung von Tierschutzvereinen bei, deren erste 1837 in Stuttgart, 1839 in Dresden, 1841 in Hamburg, Berlin und Frankfurt a.M. und 1842 in München entstehen und deren Leitgedanke bereits damals lautet: „Der Tierschutz beruht nicht nur auf dem Gefühl des Mitleids, der Gerechtigkeit und Dankbarkeit, sondern auch auf der Erwägung, daß durch die Ausübung und Pflege des Tierschutzes die Menschheit wirtschaftlich und sittlich gefördert, die Jugend gebessert und die Rohheit gesteuert wird." Zu Beginn unseres Jahrhunderts fordern die Tierschutzvereine im Hinblick auf die Bejagung des Wildes, sich beim Fang von Tieren der Verwendung von Legeisen, Tellereisen, lebenden Ködern, betäubenden Stoffen, geblendeten Lockvögeln und Dohnen zu enthalten und Hetzjagden zu unterbinden. Es sind dies Forderungen, die vielfach auch von einsichtigen Jägern vertreten werden und heute längst ihre Erfüllung durch das Gesetz gefunden haben. In den Jagdschilderungen des 1853 in Landsberg am Lech geborenen, von Schopenhauers Philosophie beeinflußten Freiherrn von Perfall begegnet uns erstmals in der Jagdliteratur echtes Mitempfinden mit der als Beute begehrten Kreatur. Perfall wirft seinen Zeitgenossen vor, „in längst überlebten Naturanschauungen befangen zu sein, stelle doch noch immer" das Christentum den Menschen als ‚letztes Wunder des Schöpfungsaktes' völlig getrennt von der übrigen Natur" dar und lasse ihn „jegliche Verwandtschaft mit den Tieren als Gottes Geschöpfen leugnen" und deren Lebenswert völlig zu Unrecht als gering einschätzen. „Die Lehre von der Entwicklung (aber) bricht siegreich durch, und der Mensch steht mitten darin im Kreislauf des Werdens." Perfalls belletristische Schriften sind hervorragende Zeugnisse für die sich wandelnde Einstellung der Jäger zum Wild als Teil einer allumfassenden, von ihnen zu erhaltenden Natur.

Hermann Löns, auch er noch Romantiker, versteht es wie kein anderer vor ihm, Landschaft und Tier als innigsten Ausdruck unserer Heimat darzustellen, um deren Bestand er im Hinblick auf die drohende Industrialisierung unserer Umwelt bangt. Bauerntum und Heimatschutz sind ihm Werte, die es kämpferisch zu verteidigen gilt. Von menschlichen Leidenschaften erfüllt, oft zwiespältig in seinem Wesen und selbst voller Passion jagend, stellt er das Recht des Jägers, das Wild zu töten, nicht in Frage. Der Tod erscheint ihm als Naturgesetz, dem sich willig zu beugen er selbst bereit ist und das er mit seinem Tod an der Front auch erfüllt.

Grundsätze moderner Waidgerechtigkeit klingen bereits bei ihm an, wenn er schreibt: „Der Vorwurf, die Jagd verrohe den Menschen, und sie sei grausam, ist ungerecht. Der waidgerechte Jäger tötet das Tier schneller und schmerzloser, als wenn es durch Krankheit oder aus Altersschwäche eingehend bei lebendigem Leibe von Krähen zerhackt und von Ungeziefer zu Tode gepeinigt wird. Die Natur ist, faßt man sie als Person auf, so roh und grausam, daß die Ausübung der Jagd mild gegen die Art und Weise genannt werden muß, in der die höher entwickelten Tiere auf die eine oder andere Art ihr Ende finden."

Für Friedrich von Gagern vertieft sich in philosophischer Betrachtung die Problematik des Jagens, nachdem „der Jäger die Unschuld des rohen Triebes verloren hat", zum „tragischen Erleben zwischen verfeinertem Empfinden und dunklem Urtrieb" – ein ethisches Problem, das er im letzten, wie jeder empfindsame Jäger, nicht zu lösen vermag.
Der Begriff der Waidgerechtigkeit ist zu einem ethischen Ideal geworden, das mehr und mehr, wenn auch unter steter Beunruhigung des Gewissens, Eingang in die Herzen verantwortungsbewußter Jäger findet. Dichter, Schriftsteller und Wissenschaftler, wie Freiherr von Cramer-Klett, Eugen Wyler, Kurt Lindner und andere, zeigen den Weg auf, an dessen Ende, wie Roger Champenois es in seiner Studie über die Evolution des Begriffs „waidgerecht" ausdrückt, das Tier als Geschöpf Gottes ein Recht auf Erlösung am Tage der Weltvollendung hat.
Wie stark diese bis in den Bereich des Metaphysischen vorstoßende Entwicklung ihren Niederschlag in der Praxis fand, zeigt uns die jagdliche Gesetzgebung der letzten Jahrzehnte. Das Gesetz verbietet heute den noch vor sechzig Jahren üblichen Fang von Krammetsvögeln, den Schrotschuß auf Rehwild, den Fang mit Tellereisen, den Abschuß von Greifvögeln und die Bejagung des Wildes an Fütterungen. Die Schonzeiten wurden verbessert, für viele jagdbare Tiere gar auf das ganze Jahr ausgedehnt; Treibjagden auf Schalenwild, mit Ausnahme des Schwarzwildes, sind verpönt; ungezählte weitere Vorschriften sorgen für eine pflegliche und humane Bejagung des Wildes. Es ist dies ein gewaltiger Erfolg der einst von den Humanisten eingeleiteten, von Dichtern, Philosophen und Wissenschaftlern dann zielstrebig verfolgten Entwicklung menschlicher Beziehungen zum Tier als Ausdruck göttlicher Schöpfung.
Gewiß wird uns diese Entwicklung nie in ein Paradies führen, in dem wir selbst jenseits von Gut und Böse stehen. Wir haben als Jäger nun einmal dem elementaren Gesetz zu gehorchen, den Tod zu bringen, um Leben zu bewahren. Täten wir es nicht, es gäbe bald kein freilebendes Wild mehr in unserer zivilisierten, in ihrem biologischen Gleichgewicht längst aus den Fugen geratenen Welt. Den Weg zwischen „dunklem Urtrieb" und „fein-

sinnigem Empfinden“ aber schreibt uns ein empfindliches Gewissen vor, das sich der Waidgerechtigkeit, der Humanität, verpflichtet fühlt.

Dennoch werden wir als handelnde Menschen immer im Zwiespalt unserer Seele leben. Das „gute Gewissen“, das sich frei von Schuld fühlt, weil es tatenlos dem Geschehen zuschaut, ist nach einem Wort Albert Schweitzers eine Erfindung des Teufels. Je tiefer wir aber die Konflikte erleben, desto näher werden wir der Wahrheit sein. In dieser Wahrheit aber können und sollen wir frohen Herzens jagen, solange wir bereit sind, in aspecto humanitatis als Jäger echte Verantwortung zu tragen.

Wandel im Waidwerk

Sie haben gejagt als edle Herrn,
als Ritter, als eifernde Knechte.
Sie hörten den Keif der Meute gern
und waren von hartem Geschlechte.

Sie führten den Spieß, das kurze Schwert,
bezwangen den Bär und den Bassen,
und niemand war ihnen etwas wert,
der weibisch vom Jagen gelassen.

Sie lachten, wenn ihnen Sieg beschert,
und leckten die eigenen Wunden,
doch blieben sie gänzlich unbeschwert,
welch Ende das Wild auch gefunden.

Wohl wünschen wir uns den wilden Mut
und möchten wie sie uns bewähren,
doch taucht unsre Hand in rotes Blut,
entsetzt uns solch wildes Begehren.

Wohl führt unsre Hand den kalten Stahl
mit sicherem Stoß in das Leben,
doch sehen wir auch in Todesqual
das Wild sich dem Schicksal ergeben.

In bebender Angst, in banger Not
die brechenden Lichter erblinden
– barmherziger Gott, laß es den Tod,
den sanften, den schmerzlosen finden!

Waidgerechtigkeit

Wie bereits erwähnt, bestimmt das Bundesjagdgesetz, „bei der Ausübung der Jagd die allgemein anerkannten Grundsätze deutscher Waidgerechtigkeit zu beachten". Damit wird vorausgesetzt, daß der ethische Begriff der Waidgerechtigkeit bereits zum allgemeinen Gedankengut der Jäger geworden ist. Die Verknüpfung der Waidgerechtigkeit mit dem Attribut „deutsch" haben wir dabei als eine Reminiszenz an die in Deutschland über Jahrhunderte andauernde Evolution der Jagd vom rücksichtslosen Beutemachen hin zum verantwortungsvollen, das Tier als Geschöpf Gottes respektierenden Waidwerk zu betrachten. Wir haben uns jedoch davor zu hüten, „deutsche" Waidgerechtigkeit in überheblicher Weise als eine allein unserer Mentalität arteigene Besonderheit zu werten; auch in vielen unserer Nachbarländer wird die Jagd in vorbildlicher Weise ausgeübt. Festzustellen ist hingegen, daß der Begriff Waidgerechtigkeit in seiner tieferen Bedeutung noch keinen Eingang in den allgemeinen Sprachgebrauch unseres Volkes gefunden hat; noch immer wird dieser Begriff in zeitgenössischen Wörterbüchern mit der nichtssagenden Floskel „waidgerecht = waidmännisch" abgetan. Viele Jäger haben sich als Natur- und Tierfreunde in der Jagdliteratur mit dem Begriff der Waidgerechtigkeit auseinandergesetzt, ihn zumeist nur in Teilaspekten behandelnd. Am gültigsten dürfte dieser Begriff von dem ehemaligen Präsidenten des Deutschen Naturschutzringes, Professor Dr. Dr. Hans Krieg, interpretiert worden sein:

„Jeder vernünftige Jäger weiß, daß Jagd (heute und bei uns) nur unter dem Zeichen des Naturschutzes und der Liebe zu unserer gesamten freilebenden Tierwelt zu rechtfertigen ist. Jäger, die dies noch nicht erkannt haben sollten, sind abzulehnen, ganz gleichgültig, ob sie einer Jägerorganisation angehören oder nicht. Für den modernen deutschen Jäger ist es selbstverständlich, daß er seine triebhafte (also durchaus gesunde biologisch bedingte) Passion den ethischen, moralischen und wirtschaftlichen Forderungen unserer Zeit unterordnet. Die Erhaltung eines wesentlichen Teils unserer Tierwelt in unserem dichtbevölkerten Lande ist einzig und allein dem waidgerechten hegerischen Jäger zu verdanken. Dem Jäger obliegt es, durch richtigen und gewissenhaften Abschuß den Wildbestand so zu regulieren, daß er wirtschaftlich tragbar bleibt. Täte er dies nicht, so wäre die Erhaltung der meisten Wildarten in Frage gestellt. Ferner hat er die Pflicht, kranke und genetisch minderwertige Tiere auszumerzen und damit den Wildbestand lebensfähig zu erhalten. Er muß zu jedem Opfer bereit sein, wenn es gilt, dem Wild in Zeiten der Not zu helfen. Die Zucht und Dressur guter und scharfer Jagdhunde liegt im Interesse waidgerechter Jagd und Hege. Eine Aufgabe dieser Hunde liegt darin, etwa angeschossenes Wild so rasch wie möglich von seinem Leiden zu erlösen, ihre Hilfe ist unentbehrlich. Wildernde Menschen, wildernde Hunde und herrenlose Katzen müssen mit den vom Gesetz erlaubten Mitteln bekämpft werden, da sie jede Hege illusorisch machen. Dabei hat die Jägerschaft selbst größtes Interesse daran, sich von Elementen freizuhalten, welche die Gebote der Menschlichkeit und der Vernunft mißachten. Ein jeder hat natürlich das Recht, das Jagen für seine Person abzulehnen. Es zwingt ihn ja niemand dazu, aber er sollte bestrebt sein, für den waidgerechten Jäger und Heger einiges Verständnis aufzubringen. Wer dies nicht tut, beweist Unkenntnis, Engherzigkeit und Mangel an gutem Willen."

Es ist anzuerkennen, daß es dem Gesetzgeber im Sinne dieser Interpretation trotz mancher zu Einschränkungen zwingender Widerstände gelungen ist, dem Gedanken der waidgerechten Jagdausübung in vielen Vorschriften spezielle Geltung zu verschaffen. Zu den im Bundesjagdgesetz aufgeführten sachlichen Verboten zählt es zum Beispiel, mit Schrot, Bolzen oder Pfeilen, auch als Fangschuß, auf Schalenwild zu schießen; mit in ihrer Wirkung unzureichenden Büchsenpatronen Schalenwild zu erlegen; auf der Jagd halbautomatische oder automatische Waffen zu verwenden; auf Wild mit Pistolen oder Revolvern zu schießen, es sei denn, diese Waffen würden zur Abgabe von Fangschüssen benutzt; Schalenwild, ausgenommen Schwarz-

wild, sowie Federwild zur Nachtzeit zu erlegen; künstliche Lichtquellen zum Anstrahlen des Zieles zu benutzen; Vogelleim, Fallen, Netze, Reusen sowie geblendete Lockvögel beim Fang oder Erlegen von Federwild zu verwenden; Prämien für den Abschuß oder den Fang von Federwild auszusetzen oder entgegenzunehmen; Fanggruben anzulegen; Schlingen zum Fang von Wild zu verwenden; Fanggeräte, die nicht unversehrt fangen oder nicht sofort töten, zu benutzen; in Notzeiten Schalenwild in einem Umkreis von 200 Metern von Fütterungen zu erlegen; dem Wild aus Flugzeugen, Kraftfahrzeugen oder Motorbooten nachzustellen; die Hetzjagd auf Wild auszuüben; Wild zu vergiften oder betäubende Köder zu verwenden; eingefangenes oder aufgezogenes Wild später als vier Wochen vor Beginn der Jagdausübung auf dieses Wild auszusetzen – und so weiter und so fort.
Doch nicht allein die mit dem Bundesjagdgesetz ausgesprochenen Gebote und Verbote sind von den Jägern bei der Ausübung der Jagd zu beachten, sie haben ihr Verhalten ebenso mit den Bestimmungen des Tierschutzgesetzes in Einklang zu bringen, in dem es in der ab 1. Januar 1987 gültigen Fassung heißt: „Zweck dieses Gesetzes ist es, aus der Verantwortung des Menschen für das Tier als Mitgeschöpf dessen Leben und Wohlbefinden zu schützen. Niemand darf einem Tier ohne vernünftigen Grund Schmerzen, Leiden oder Schäden zufügen." Weiter heißt es im Tierschutzgesetz: „Ist die Tötung eines Wirbeltieres ohne Betäubung im Rahmen waidgerechter Ausübung der Jagd oder auf Grund anderer Rechtsvorschriften zulässig, so darf die Tötung nur vorgenommen werden, wenn hierbei nicht mehr als unvermeidbare Schmerzen entstehen. Ein Wirbeltier töten darf nur, wer die dazu notwendigen Kenntnisse und Fähigkeiten hat."
Als Verstoß gegen das Tierschutzgesetz wäre es bereits zu werten, wenn ein Jäger nicht nur vorsätzlich, sondern bereits im Bewußtsein, sich gegebenenfalls strafbar zu machen (dolus eventualis), leichtfertig ein Stück Wild anbleit. Wer auf zu weite Entfernung oder bei unzureichendem Licht in der Morgen- oder Abenddämmerung auf ein Stück Wild schießt, muß damit rech-

nen, daß er dem Tier „mehr als unvermeidbare Schmerzen" zufügt. Ein solches Verhalten verstößt eindeutig sowohl gegen das Tierschutzgesetz als auch gegen die im Bundesjagdgesetz verankerten allgemein anerkannten Grundsätze deutscher Waidgerechtigkeit.
Aus den dreißiger Jahren erinnere ich mich eines Vorfalls, der hier als übles Beispiel für ein derartiges Verhalten dienen mag: Der Zufall führte mich mit einem älteren Kollegen in dem Augenblick an der gemeinsamen Reviergrenze zusammen, als in einer Entfernung von weit über zweihundert Metern ein geringer Hirsch vor uns über eine deckungslose Kultur zog. Sofort eröffnete der Kollege das Feuer auf den Hirsch, nicht weniger als fünf Schüsse gab er auf ihn ab. Ein Vorderlaufschuß, ein Weidwundschuß, ein Schuß auf den Ansatz des Trägers ließen den Hirsch langsamer werden, das Magazin der Repetierbüchse war leergeschossen, der Hirsch immer noch auf den Läufen. Wütend schrie ich ihn an, von weiteren Schüssen abzulassen, dann schnitt ich dem in mein Revier überwechselnden Hirsch den Weg ab; nach fast einem Kilometer Dauerlauf gelang es mir, ihm den erlösenden Fangschuß anzutragen. Eindeutig lag hier nach gegenwärtigem Recht ein klarer Verstoß gegen das Jagd- und Tierschutzgesetz vor, wenn auch vielleicht nicht vorsätzlich, so doch zumindest als dolus eventualis, hatte der Kollege es doch bewußt in Kauf genommen, dem Hirsch durch leichtfertige Schüsse mehr als unvermeidbare Schmerzen zuzufügen.
Da erzählte mir gelegentlich ein Jäger, er habe am Abend zuvor auf einen Hirsch geschossen, ihn aber leider gefehlt. Das Licht sei zwar noch ausreichend gewesen, doch habe er sich in der Entfernung getäuscht; nicht zweihundert Meter, wie er angenommen habe, sondern über dreihundert Meter sei der Hirsch von ihm entfernt gewesen. Wer als Jäger nicht fähig ist, einen derartig gravierenden Unterschied zu erkennen, sollte seine Waffe an den Nagel hängen, nicht aber Wild zur Zielscheibe leichtfertiger Schüsse machen. Es sprach für die Gefühllosigkeit und den Mangel an Fantasie dieses Jägers, daß er sich der Verwerflichkeit seines Verhaltens überhaupt nicht bewußt war.
Dennoch – der Schritt von gerade noch zu verantwortendem

Handeln hin zu leichtfertigem Tun ist auf der Jagd ungemein gering. Und nur wenige Jäger, die über Jahrzehnte hin gejagt haben, werden sich rühmen können, nie die ihnen vom Gesetz und vom Gewissen gezogenen Grenzen überschritten zu haben.
Da zieht gemächlich ein Stück Rotwild über den beiderseits von Dickungen begrenzten engen Weg. Das Korn der Büchse steht auf dem Blatt des Stückes, folgt ihm, der Finger krümmt sich – und die Kugel zerschlägt, von einem überhängenden Zweig abgelenkt, den Vorderlauf des Wildes. – Ein Überläufer bricht auf einer Blöße nach Fraß. Der Wind küselt, der Überläufer gerät in den Wind des Jägers, der eben noch glaubte, ihm geruhsam die Kugel antragen zu können. Der dem flüchtenden Stück fast unbewußt nachgeworfene Schuß läßt es mit üblem Weidwundschuß im Unterholz verschwinden. – Der erste Schuß hat den auf der Treibjagd aus dem Kessel flüchtenden Hasen nicht getroffen. Eine Delle entzieht ihn für einen kurzen Augenblick der Sicht. Der Schütze will sich vor seinen Waidgenossen nicht blamieren. Als der Hase wieder auftaucht, wirft er ihm den zweiten Schuß nach. Scheinbar hat er ihn wiederum gefehlt. Zwei Tage später greift ihn sich der Fuchs und erlöst ihn von den in seinen Därmen brennenden Schmerzen, die einige Randschrote ihm bereitet haben. Auf zu weite Entfernung war ihm der zweite Schuß angetragen worden.
Nicht selten ist es ungezügelte Leidenschaft, die der Versuchung nicht widerstehen kann, den Schuß auch dann zu riskieren, wenn nur wenig Aussicht besteht, das Wild mit einer sofort tödlichen Kugel zu strecken. Leidenschaft Leiden schafft! Eine simple Wortspielerei, deren Wahrheit dennoch schon mancher Jäger erfahren mußte, dessen Gewissen noch empfindlich genug reagiert, die Leiden des von ihm unvorsichtig angebleiten Wildes mitzuempfinden. Zwar kann er die Schuld, die er mit einem leichtfertigen Schuß auf sich geladen hat, nicht tilgen, sich wohl aber durch Einsicht in sein schuldhaftes Verhalten vom Diktat zügelloser Leidenschaft befreien. Wie könnte man ihm seine Liebe zum Geschöpf glauben, wenn er nicht, durch üble Erfahrung geläutert, doch noch im Geschöpf den ihn zur Verantwortung zwingenden Schöpfer erkennt!

Leidenschaft an sich ist keineswegs etwas Verwerfliches, so leicht sie auch blind macht für alles, was nicht Gegenstand ihrer Befriedigung ist. Anspornend verleiht sie Schwung und Spannkraft und führt zu ungewöhnlichen Leistungen und oft glänzenden Erfolgen. Verwerflich ist sie nur dann, wenn sie zum Dämon wird, der unsere geistige Freiheit beeinträchtigt, so daß wir unfähig werden, Zielsetzungen nach ihren wahren Wertverhältnissen abzuschätzen und sie dem sittlichen Endzweck unterzuordnen.

Freimütig bekennen wir als Jäger, Freude am Jagen zu haben, ein Empfinden, das der Verpflichtung zur Hege des Wildes und zum Schutz der Umwelt keineswegs entgegensteht. Wir bestreiten auch nicht die Leidenschaft zum Jagen als eine der Triebfedern unseres Handelns, ihre sittlichen Grenzen aber zeigen uns die geschriebenen und ungeschriebenen Gesetze der Waidgerechtigkeit auf.

Wenn im Bundesjagdgesetz von „allgemein anerkannten Grundsätzen deutscher Waidgerechtigkeit" gesprochen wird, werden zweifellos durch diesen Begriff auch jene sich bei der Ausübung der Jagd ergebenden Situationen angesprochen, für die es im Gesetz im Hinblick auf ihre ethische und moralische Wertung und Bewältigung an konkreten Geboten und Verboten fehlt. In derartigen Fällen greifen die „ungeschriebenen (dennoch aber allgemein anerkannten) Gesetze der Waidgerechtigkeit". Der 1986 im Alter von 85 Jahren verstorbene Staatsanwalt Dr. Carl Karff, selbst ein hervorragender Jäger, schrieb 1964 in einer Studie über das Thema „Das Bundesjagdgesetz und der im § 1 fixierte Begriff ‚waidgerecht' in der Auslegung des Juristen": „Die ethisch verbindliche Deutung des Begriffs ‚Waidgerechtigkeit' ... ist auch für die vollziehende Gewalt ausnahmslos verbindlich, wenn das Gesetz eine Regelung im einzelnen vermissen läßt." Daraus geht eindeutig hervor, daß auch die „ungeschriebenen" Gesetze der Waidgerechtigkeit in dem Ziel, ethische Grundwerte zu wahren, einen durchaus objektiven Rechtswert darstellen. Der auf den ersten Blick hin abstrakt erscheinende Begriff „Waidgerechtigkeit" findet Parallelen in den bewährten und durchaus praktikablen Rechtsbegriffen „gute Sitten" und

„Treu und Glauben“, die gleichfalls dem Ziel dienen, ethische Grundwerte zu wahren.
Der Gesetzgeber setzt mit der im Bundesjagdgesetz enthaltenen lapidaren Forderung, die Jagd waidgerecht auszuüben, erstaunliches Vertrauen in die Moral und in die fachliche Qualität der Jäger. Ungeschrieben bleibt im Gesetz, daß es, um nur einige Beispiele aufzuzeigen, gegen die Waidgerechtigkeit verstoßen würde, im Winter bei starkem Frost an letzten, noch offenen Wasserlöchern Enten zu erlegen, sie gar zu diesem Zweck anzukirren; im Schrothagel mehrere Enten oder Hühner zugleich verenden zu lassen; letzte im Revier noch vorhandene Hühner zu bejagen; noch führende Alttiere bereits im November zu schießen und deren mutterlose Kälber einer noch zu erwartenden Notzeit auszusetzen; als Jagdleiter oder Jagdherr Gäste an Hochwildjagden teilnehmen zu lassen, die, den Forderungen des Tierschutzgesetzes zuwider, weder die „notwendigen Kenntnisse und Fähigkeiten“ besitzen, das Wild richtig anzusprechen, noch die Gewähr dafür bieten, es mit sicherer Kugel zu strecken; bei hoher, das Wild in seiner Bewegung behindernder Schneelage Drückjagden zu veranstalten. Noch viele Situationen ließen sich anführen, in denen allein ein empfindliches Gewissen darüber zu entscheiden vermag, was im Sinne der Waidgerechtigkeit noch zu vertreten, was bereits verwerflich ist.
Dr. Carl Karff vertritt in diesem Zusammenhang als Staatsanwalt und Jurist die Auffassung:
„Keiner näheren Darlegung bedarf es, daß ein verantwortungsbewußter Jäger verpflichtet ist, seine Praxis und Kenntnisse durch fortlaufendes Studium von Jagdzeitschriften und -lehrbüchern sowie durch Lektüre guter jagdlicher Literatur auf der Höhe zu erhalten und zu erweitern. Auf diese Weise wird er immer erneut den ‚ungeschriebenen Gesetzen“ der Waidgerechtigkeit begegnen und sie zur Richtschnur des eigenen Handelns in der grünen Praxis zu machen haben. Es darf hier keine Entschuldigung der Art anerkannt werden, ein Jäger habe infolge Unwissenheit, mangelnder Erfahrung und Fertigkeit falsch gehandelt. Vielmehr muß grundsätzlich davon ausgegangen werden, daß Jagdausübung ohne die genannten Voraussetzun-

gen im Hinblick auf den hohen Wert des dem Jäger anvertrauten Volksgutes und auf das Gebot der Achtung vor allem Leben als ein eklatanter Verstoß gegen die Waidgerechtigkeit anzusehen ist."

Richter, denen es aufgegeben ist, über Verstöße gegen die Waidgerechtigkeit zu urteilen, haben sich mit diesem Begriff gründlich vertraut zu machen. Nicht immer werden ihnen dabei, zumal wenn sie selbst keine Jäger sind, entsprechende Kommentare, dem Rechtskundigen ansonsten geläufige Auslegungsmethoden oder eine einschlägige Judikatur die gewünschte Hilfe geben. Um auch in zweifelhaften Fällen zu einem angemessenen Urteil zu gelangen, müssen sie Sachverständige hinzuziehen. Täten sie es nicht, würden sie, um mit Dr. Carl Karff zu sprechen, „nicht nur gegen ihre gesetzliche Pflicht zur Aufklärung im Sinne des § 244, Abs. 2, der Strafprozeßordnung verstoßen, sondern mit größter Wahrscheinlichkeit die Zahl der Fehlurteile vermehren". Dr. Karff verweist in diesem Zusammenhang auf § 37, Abs. 2, des Bundesjagdgesetzes, in dem es heißt: „Die Länder können die Mitwirkung von Vereinigungen der Jäger für die Fälle vorsehen, in denen Jagdscheininhaber gegen die Grundsätze der Waidgerechtigkeit verstoßen." Von dieser ihnen eingeräumten Befugnis sollten die Länder im Interesse der Jagd, der Jäger und des Wildes grundsätzlich Gebrauch machen.

Nun kann man gewiß nicht jeden Jäger, der ein Stück Wild angebleit hat, sogleich vor den Kadi bringen. Wohl kein Jäger, der über viele Jahre hin gejagt hat und auf große Strecken zurückblicken kann, wird sich von gelegentlichen Schlumpschüssen freisprechen können. Denke ich an meine eigene jagdliche Vergangenheit zurück – fast sechzig Jahre führte ich die Büchse –, stehen auch mir Bilder vor Augen, die ich gerne aus der Erinnerung getilgt gesehen hätte.

Da riß im Espenloh ein übler Keulenschuß einen Bock von den Läufen. Als ich ihn ansprach, zeigte er mir auf der hüfthohen Kiefernkultur zwischen zwei Pflanzreihen das Blatt. Beim Entsichern der Büchse ließ ich ihn für den Bruchteil einer Sekunde aus den Augen. Als ich dann schoß, war es nicht das Blatt, auf das ich das Korn gerichtet hatte, sondern die Keule des inzwischen einen Schritt weitergezogenen, im übrigen von Ästen verdeckten Bockes. Ein schneller Fangschuß machte seinem Leiden ein Ende.

An der Drelle zerrte in dem Augenblick mein Teckel am Riemen, als ich einem Brunfthirsch die Kugel antrug. Überzeugt, daß sie dennoch gefaßt hatte, warf ich dem nun flüchtigen Hirsch den zweiten Schuß nach, der ihn jäh in der Vorderhand aufsteigen ließ. Stunden später brachte uns eine vom Schweißhundführer hervorragend gemeisterte Nachsuche an den vom Hund gestellten Hirsch, ließ ihn ein Fangschuß endlich verenden. Nur meine zweite Kugel hatte er erhalten, sie hatte ihm die Drossel zerrisssen. Noch heute läuft es mir kalt über den Rücken, wenn ich mich im Anblick seiner Trophäe an die Qualen erinnere, die ich ihm seinerzeit mit meinem unglücklichen Schuß bereitet hatte.

Auch den Überläufer kann ich nicht vergessen, der mir überraschend vor die Büchse kam. Nur dreißig Gänge war er von mir entfernt, und ich glaubte, keine Zeit mehr zu haben, das Glas von der Büchse zu entfernen. Zu spät merkte ich, wie sehr es mich behinderte, dem flüchtigen Stück die Kugel anzutragen; mit üblem Vorderlaufschuß verschwand der Überläufer in der Dickung. Zwar führte mich mein Teckel eine Stunde später an sein Wundbett, doch hatte ich nur einen Schützen für die Nachsuche aufbieten können; die Hetze des von mir geschnallten Hundes lief weitab an ihm vorbei. Nach zwei Stunden kehrte der Teckel zurück. Eine erneute Nachsuche blieb ergebnislos, das bittere Ende des Überläufers mir verborgen.

Noch einige weitere üble Vorfälle, bei denen widrige Umstände das Geschehen bestimmten, haben mich in meinem Jägerleben belastet.

Dennoch glaube ich, waidgerecht gejagt zu haben. Bei einer Strecke von rund 500 Stücken Schalenwild habe ich keine 20 Nachsuchen verursacht, bei denen das von mir angebleite Wild noch durch einen Fangschuß erlöst werden mußte. Allenfalls 4 Prozent des von mir insgesamt gestreckten Schalenwildes brachen nicht verendet am Anschuß oder nach wenig mehr als hundert Fluchten zusammen.

Waidgerechtigkeit setzt voraus, im Wild Geschöpfe Gottes zu erblicken, deren Bestand wir zu bewahren und als seine Gabe an uns pfleglich zu nutzen haben. Die Ausschließlichkeit, die Ernte stets nur mit der Waffe einbringen zu können, darf uns im Umgang mit ihr nicht zur Leichtfertigkeit verführen. Wer ohne Beunruhigung des Gewissens einem Geschöpf Schmerzen bereitet, hat die Berechtigung verloren, sich Jäger im Sinne verpflichtender Waidgerechtigkeit zu nennen; sie ist das Gesetz, der Maßstab, mit dem wir gemessen werden.

Ein Stück Wild zieht in die Dickung. Das Korn der Büchse folgt ihm; von einem Zweig abgelenkt, zerschlägt ihm die Kugel den Vorderlauf.

Überraschend kam mir auf dreißig Gänge ein Stück Schwarzwild vor die Büchse.

Geruhsam zogen sie in Richtung auf ein neben uns gelegenes Stangenholz.

Ein Becher, der das Maß mir mißt

Die Nacht tropft zäh,
die Stille lastet schwer,
Minuten fallen
und ballen
eine Ewigkeit zur Stunde.

Und viele Stunden
hat die Nacht,
in der der Schmerz
die Dunkelheit vergießt
wie schwarzes Blut.

Der Schuß!

Verführt
vom trügerischen Licht
der Dämmerung
warf er
das Schmaltier
von den Läufen
und ließ es
dennoch nicht
in sanfter Not verenden.

Verloren zog es
in die stumme Düsternis
des Dickungsrandes,
verloren wie ein Kind,
das, auf der Straße
roh geschlagen,
umsonst
die Mutter
in der stillen Dämmerung
der Stube
sucht.

Die Tropfen fallen,
sie fallen mutlos in das Moos,
das alle Tropfen trinkt
und nichts zu tun vermag,
als wunde Glieder
weich zu betten.

Der Schmerz hat keinen Mund
für eine Kreatur,
auf der
die Hände Gottes
liegen.

Und dennoch schreit der Schmerz
lautlos
durch alle Dunkelheit
dieser Nacht;
er schreit mich an,
erbarmungslos
die Tropfen zählend,
die in den Hohlraum einer Stunde,
die in den Hohlraum solcher Nächte
fallen,
bis das Gefäß gefüllt:

Ein Becher,
der das Maß
mir mißt.

Was treibt uns zu töten?

Was treibt den Jäger, Wild, für das er sich verantwortlich fühlt, zu töten? Ist es Leidenschaft, die ihre Befriedigung erst mit dem Tod der als Beute begehrten Kreatur findet? Treibt ihn Vernunft zum Eingriff in sonst uferlos anwachsende Wildbestände? Bereitet ihm der Tod der verfolgten Kreatur Freude? Was empfindet er im Anblick der gestreckten Kreatur?

So gewiß das Töten eines Geschöpfes immer ein dramatischer Akt bleiben wird, ist doch dieser Akt stets nur Ausklang eines Geschehens, das von Einflüssen gesteuert wird, die für den Jäger wesentlicher und bedeutsamer sind als der Akt des Tötens selbst. Der Tod der als Beute begehrten Kreatur wird unter dem Gewicht aller dem natürlichen Beutebetrieb innewohnenden Kräfte als einzig logische Folgerung in Kauf genommen, wobei die Verfolgung des Wildes das Wesentliche ist, der Tod aber die natürliche Konsequenz des Lebens bleibt. Würde man einem Jäger Gelegenheit geben, Wild, und seien es selbst Stücke mit begehrenswertesten Trophäen, auf Betonpisten zu erlegen, es würde sich kein Waidmann finden, der bereit wäre, unter solcher Auflage zur Waffe zu greifen. Einer solchen Situation würde es an den Voraussetzungen fehlen, die den Reiz des Jagens ausmachen: am „Spielraum zum Wettstreit der Instinktsysteme" des Wildes und des Jägers, an dem Sicheinfügen des Jägers in die Landschaft mit wachen, allen ihren Äußerungen aufgeschlossenen Sinnen.

„Die Jagd", schreibt der spanische Philosoph Ortega y Gasset, „ist nicht etwas, das zufällig über das Tier kommt, vielmehr ist schon im tiefen Schoß seiner Natur der Jäger vorgesehen. Sie ist eines der großen Mittel, deren sich die Natur bedient, um das Leben auf dem Planeten im Gleichgewicht zu halten. Es ist schrecklich und wunderbar zugleich zu beobachten, wie jede jagende Gattung mit einer Gruppe von Tieren verbunden ist, die seine Beute sind." Wir dürfen auch nicht vergessen, „daß das ganze Leben des Tieres in der stetigen Erwartung eines

Angriffs geformt ist; für das Tier heißt leben, dauernd eines Jägers gewärtig zu sein." Bereits im 19. Jahrhundert schrieb der bedeutende Biologe Cuvier: „Les espèces sont nècessaires, les unes comme proies, les autres comme destructeurs et modérateurs de propagation. On ne peut se représenter rationnellement un état de choses oú il y aurait des mouches sans hirondelles et réciproquement." (Die Gattungen sind erforderlich, die einen als Beute, die anderen als Beutegreifer und ausgleichende Regulatoren. Es läßt sich mit Vernunft kein Zustand vertreten, in dem es Fliegen ohne Schwalben gibt und umgekehrt.)

Es stellt sich uns hier die Frage, ob die Tiergattungen als gegenseitige Regulatoren imstande sind, den „Wettstreit der Instinktsysteme" allein unter sich auszutragen, um einander im Gleichgewicht zu halten. Mit wesentlichen Gruppen der im Jagdrecht genannten Tiere ist heute, nach dem Ausfall von Bär, Wolf und Luchs, unstreitig nur noch der Mensch als jagende Gattung verbunden. Die Form seines Angriffsvermögens paßt allein zu den Formen des Verteidigungs- und Fluchtvermögens, das jene auszeichnet; der Mensch als Jäger bleibt ihr einziger natürlicher Regulator, auf den sie im Sinne eines höheren Gesetzes nicht verzichten können. Stets ist der Tod des einzelnen Individuums die Voraussetzung für das Überleben seiner Gattung insgesamt; würde sie sich über die ihr von der Natur gegebene Biotopkapazität hinaus vermehren, wären der Biotop selbst und mit ihm letztens auch die jeweilige Gattung in ihrer Existenz gefährdet. Aus dieser Betrachtung läßt sich jedoch nur einer der rationalen Beweggründe für die vom Menschen betriebene Jagd ableiten. Ein weiteres rationales Moment liegt für ihn in der Betrachtung des Wildes als Beute. Der Jäger will sich ein für ihn in welcher Form auch immer verwertbares Tier aneignen; es zu erjagen und zu besitzen, schließt den Tod des Tieres als natürliche Konsequenz des Jagens ein. Stärker noch als rationale Motive treiben emotionale den Jäger, das Wild zu verfolgen. Er weiß um die tödliche Konsequenz des Jagens, doch jagt er nicht, um zu töten, sondern er tötet, um gejagt zu haben. Das dem Tod des Tieres vorausgehende Geschehen ist ihm das Wesentliche. Verdienen will er sich die Beute, indem er seine Geschicklichkeit an den ihm überlegenen Instinkten des Tieres unter den vielfältigen, bald das Wild, bald den Jäger begünstigenden Einflüssen der Witterung und der Landschaft mißt. Es reizt ihn, sich mit den ihm als Mensch noch verbliebenen Fähigkeiten der Landschaft einzufügen, sich mit dem Tier auf eine Ebene zu stellen und wie dieses „draußen“ und damit selbst noch ein Teil der Natur zu sein und sie in allen faszinierenden Äußerungen zu erleben. Im Wunsch, der von Materialismus und Technik geprägten Gegenwart zu entfliehen und wieder die Nachbarschaft mit Tier, Pflanze und Gestein zu gewinnen, wurzelt eine der stärksten Triebkräfte zum Jagen. Es ist nicht ausschlaggebend für den Jäger, mit Beute beladen vom Pirschgang heimzukehren, schon der Anblick des Wildes, die mystische Korrespondenz mit ihm, ist ein Erfolg. Das Erlebnis des Jägers liegt nicht im Tod, sondern im Leben des Tieres und in der Begegnung mit diesem Leben. So widerspruchsvoll es auch erscheinen mag: Der Tod des Tieres ist zwar das Ziel der Jagd, nicht aber das Ziel des Jägers; sein Ziel ist das Jagen, den Tod des Tieres aber muß er dabei, und sei es auch voller Unruhe des Gewissens, hinnehmen, weil erst dieser dem Jagdvorgang in letzter Konsequenz Wirklichkeit verleiht.

Das Gefühl, das den Jäger im Anblick des getöteten Tieres beherrscht, ist Ausdruck seiner individuellen Mentalität und Reaktion auf das dem Tod des Tieres vorausgegangene Geschehen. Es reicht von der Freude am guten Schuß, an der eindrucksvollen Arbeit des Hundes, der ihn an die Beute gebracht hat, am endlichen Erfolg nach langem Einsatz bis hin zur dankbaren Befriedigung, wenn es ihm gelang, dem Leiden eines kranken oder altersschwachen Wildes durch eine erlösende Kugel ein Ende bereitet zu haben.

Dennoch ist für ihn mit dem Tod des Tieres stets etwas Endgültiges eingetreten, das er nicht mehr rückgängig machen kann. Er wird das getötete Tier in seinem Revier vermissen, und was ihn mit diesem Tier verbunden hat, wird Erinnerung werden, wehmütige und dankbare zugleich. Er erkennt die dramatische Folgerung seines Jagens – und wird dennoch nicht vom Jagen lassen.

Er bekennt freimütig, Freude am Jagen zu haben, an der eigenen Bewährung, am Anblick des Tieres, am Eintauchen in die Landschaft und auch an der Beute, die dennoch „sein Gewissen angesichts des Todes, den er einem bezaubernden Geschöpf gebracht hat, in Unruhe versetzt". Er ist sich des Widerspruchs bewußt, den er mit dem Tod des ihm zuvor noch geheimnisvoll verbundenen Tieres ausgelöst hat. Er beruft sich auf die verfeinerten Formen, die er dem Jagen gegeben hat und die ihren Ausdruck in der Waidgerechtigkeit gefunden haben, die ihn moralisch verpflichtet, die Tiere zu hegen, ihnen in Notzeiten beizustehen und ihnen, unter dem Gesetz des den Tod bedingenden Lebens, ein schmerzloses Ende zu bereiten.
Er weiß, daß ihn, im Gegensatz zu den Bauern, Förstern und Fischern, all jene nicht verstehen, denen in den Steinmeeren der Städte das Wissen um die harten, dennoch allein lebenserhaltenden Gesetze der Natur verlorengegangen ist. Gerade diese Gesetze aber sind es, die ihn, jenseits aller emotionalen Aspekte, absolut sicher sein lassen, als unabdingbares Glied im vielfältigen System des Naturhaushaltes gebraucht zu werden.
Den Konflikt, in den uns der mit der Freude am Jagen verbundene Tod zauberhafter Geschöpfe stürzt, haben namhafte Jäger als Dichter und Schriftsteller philosophierend, anklagend, voller Zweifel am eigenen Tun und am Ende sich doch zumeist aus dem Zwiespalt lösend bis zur Schmerzhaftigkeit empfunden. Für Anton von Perfall werden die Tiere „zu Genossen, zu Spiegelbildern unseres Selbst, in denen wir unsere eigenen Triebe wiedererkennen, in ungeschminkter Wahrheit; das ‚tat twam asi' (das bist Du!) der alten Inder tönt wieder vernehmlich an unser Ohr. – Wem das ‚tat twam asi' nicht die Liebe weckt zum Genossen, der gehört nicht zu unserem Bunde." Sein Mitleid mit den verfolgten Tieren versetzt ihn zwar in Gewissenskonflikte, doch arten sie bei ihm nie zur Wehleidigkeit aus; er überwindet sie, indem er nach den Regeln der Waidgerechtigkeit jagt und sich „vom Gift der Erkenntnis" nicht berühren läßt. Das Leiden eines krankgeschossenen Wildes empfindet er in ehrlichem Mitleid als „dunklen Punkt der Jagd".
Doch: „Der Tod ist nichts für ein Tier, wenn er rasch kommt,

das Ende eines schweren Traumes, weiter nichts; nur eine schwächliche Sentimentalität, dieselbe, die auch uns das Sterben so schwer macht, deutet ihn falsch als den Leidbereiter."

Anders der Schriftsteller und Dichter Friedrich von Gagern. Für ihn ist die Jagd zu einem ethischen Problem geworden, das er nicht zu lösen vermag. Im Zwiespalt zwischen „dunklem Urtrieb" und „verfeinertem Empfinden" wird ihm das Jagen „zum tragischen Erleben", zu dem er als Jäger verurteilt ist und das Lust und Reue in ihm auslöst. Die „Unschuld des rohen Triebes", die einst den primitiven Jäger auszeichnete, hat er längst verloren, und verlogen erscheinen ihm „die feilen Worte, die Gott und die Schöpfung und die Welt und die Wälder preisen, während doch das Aug' mit dem frischen Beutestück buhlt". Was er im Anblick des getöteten Tieres empfindet, äußert er „Fanatikern der Nüchternheit", die nicht von der Andacht am gestreckten Wild wissen wollen, gegenüber mit den Worten: „Es gibt freilich zweierlei Totenwacht. Der eine setzt sich für eine dicke Zigarre lang zum erlegten Wild hin, ruht von seiner seelischen Strapaz, weidet sich, was ihm am wenigstens verdacht sei, an der Trophäe. Vergegenwärtigt sich genießerisch noch ein- und zwei-, dreimal den ganzen Vorgang und denkt im übrigen an nichts. Ein anderer tut scheinbar genau dasselbe, auch er würdigt Beute und Beutung – allein er schreckt nicht zurück vor der Erwägung, mit was er sich eigentlich den Genuß erkauft, von wem und mit was dieser Genuß für ihn bezahlt worden ... Seine Überlegungen wandern vom Besonderen weiter ins Allgemeine, er bedenkt den wahren Wert der sogenannten Trophäe, er setzt ihn ins Verhältnis zum Preis eines unschuldigen Lebens und unverschuldeten Todesschmerzes, er erkennt sich als sündigen Narren einer Einbildung, eines aus einstiger Not zur Lust ausgewachsenen Wahns, aber auch als Diener einer bitteren, aus ewigem Ablaufgesetz und Menschenfluch hervorgehenden Notwendigkeit: und all das löst sich schließlich auf in ein ratloses weltreuiges Weh – oder klärt sich zum stillen Kristall."

Fügen wir diesem noch seine als Resümee seines Lebens und Schaffens zu betrachtende Äußerung: „Was ich geworden und was ich geschaffen, verdanke ich zu entscheidenden Teilen der Jagd" hinzu, erkennen wir, wie stark die Jagd ihn geformt hat, wie schmerzhaft der Prozeß war, ehe sich in ihm der Zwiespalt zwischen Lust und Reue, zwischen Mitleid und Notwendigkeit, zum „stillen Kristall" geklärt hatte. Tiefer als von Gagern hat kein Jäger und Dichter die Widersprüchlichkeit einer Welt empfunden, in der der Mensch dem Tier zugleich als Feind und als Gefährte zum Schicksal wird.

Unbeschwerter als von Gagern jagte Hermann Löns. In seinem Buch „Auf der Wildbahn" äußert er nach der Erlegung eines Birkhahns: „Einmal will mir so sein, als habe ich grausam gehandelt. Aber gibt es wohl einen sichereren Tod, als mitten im Singen zu sterben?" Und an anderer Stelle: „Und du hast dein Teil gehabt zum Leben und bist gestorben, wie es sich für einen Jäger geziemt: mitten in seinem Liede. So wünsche ich es mir auch." Von Gagern verurteilt den von Löns gepriesenen „seligheißen Liebestod beneidenswerten Wildes" als „gassenhauerische Verlogenheit", als „schielende Gefallsucht", als „hundsgemeinen Kitsch". Erinnern wir uns daran, daß Löns, bereits 48 Jahre alt und längst vom Kriegsdienst befreit, als Freiwilliger an die Front drängte und 1914 vor Reims mit seinem Tod das besiegelte, was er ehrlich empfunden hatte, müssen uns von Gagerns Äußerungen bei allem Respekt vor seinem Werk als unverständliche Blasphemie erscheinen. Mehr als mit seinem Leben kann kein Mann für seine Überzeugung eintreten. Was immer auch Inhalt seines Fühlens und Denkens war – sein Tod hat diesem Inhalt Wahrhaftigkeit und Größe gegeben.

Freiherr von Cramer-Klett schreibt in seiner Novelle „Der Heuraffler": „Warum immer wieder diese Predigten der Sentimentalität, des Mitleides, wo uns bei jedem Schritt, beinahe wie ein Naturgesetz, rücksichtslose Grausamkeit begegnet! Eines großen Dichters schönes Wort kam mir in den Sinn: ‚Der Mensch ist gütiger als das Schicksal ...'." Und: „Wer in der Natur hat Mitleid? Ich war Mann, ich war Jäger, und daraus entsprangen zwei unzähmbare Naturkräfte, der Wille zu kämpfen und zu besiegen, der Wille, zu erbeuten und zu besitzen." – „Der Begriff der Waidgerechtigkeit läßt sich ebensowenig in spanische

Stiefel pressen wie der Begriff der Gerechtigkeit überhaupt. Nach meiner Ansicht muß sich auch der Waidmann vor altjüngferlicher Ängstlichkeit zu bewahren suchen, und die Menschen sollen überhaupt weniger von dem Drange beseelt sein, andere zu bekehren ..."

Mit dieser Einstellung zur Jagd befreit sich von Cramer-Klett, der durch seine bestechende Sprache mit Recht als einer der hervorragenden zeitgenössischen Jagdschriftsteller betrachtet wird, vom philosophierenden Grübeln über die Berechtigung des Jägers, den Tod über die ihm anvertrauten Tiere zu bringen. Der Schweizer Jagdschriftsteller Eugen Wyler, Mentor mir und väterlicher Freund bis zu seinem Tode, stellt sich in seinem Buch „Wende im Waidwerk" die Frage „Warum töte ich?"

„Töten. Tötet die Natur selber nicht auch? Frage Fuchs und Wiesel, Habicht und Sperber, die wie der Adler und viele andere ohne Tod nicht leben könnten ... Jagd ist untrennbar verbunden mit dem Tod eines Geschöpfes, das in die Hand des Jägers gegeben ist. Damit bricht in seiner Brust ein aufwühlender Konflikt aus, ob er töten oder lebenlassen soll. Der gesunde und willensstarke Mann weicht dieser Auseinandersetzung nicht aus. Im Gegenteil. Er sucht sie. Sie ist für ihn, den Lebensbejahenden, Bedürfnis. Aus dem Zwiespalt, aus der leidvollen Tragik Mensch-Tier, das weiß der Jäger, kann nur die Tat herausführen ... Der Starke will sich erproben, er nimmt das Leid auf sich, den Bruder im Geschöpfe zu lieben und, wenn es sein muß, zu töten: Er geht offenen Sinnes hinein in das Ja oder Nein, in das reinigende Soll-ich oder Soll-ich-nicht. Nicht der Töter steht im Waidmann auf, sondern der Heger und Helfer, jener Liebende, der selber um Entscheid und Ende ringt ... Im Verschweigen vor dem niedergesunkenen Tierbruder beugen wir uns, ohne es zu wissen, vor dem erloschenen Leben. Vor dem Tod, der Wild und Jäger auf Schritt und Tritt begleitet. Ich weiß es und habe es immer und immer erlebt: Jedesmal wenn ich die Büchse zum Schuß erhob und das Sterben vor meinen Füßen mit durchwühltem Innern miterlitt, bin ich selber reifer und älter geworden, kam ich meinem eigenen Ende näher. Wenn der Tod da war und meinen Bock niederwarf, berührte sein

Hauch auch mich. Als lebensbejahenden Mann gab es für mich keinen anderen Weg als den des eigenen Ringens und Erlebens, ich mußte durch das Dunkel hindurch, zur eigenen Verantwortung, zum eigenen Opfern der Liebe, ohne die ich ein erbärmlicher Feigling geblieben wäre ... Der Jäger will eine Lösung. Darum setzt er sich dem Konflikt aus, dem Schmerzvollen. Dem Zweifler werden gerade die Zweifel zum Verhängnis; der Entschlossene, sich selber Überwindende, erlangt die Gnade. Aber er darf die durch die Büchse in seine Hand gegebene Gewalt über Leben und Tod niemals nach niederer Willkür handhaben, sondern nach seinem reinen Gewissen."

Auf die Frage, ob das Jagen noch gerechtfertigt sei, antwortet Eugen Wyler:

„Das Jagen bringt uns in tiefste Auseinandersetzung mit den Naturmächten und mit allen unseren ererbten Trieben. Es fordert den ganzen Menschen heraus und will seine Entscheidung. Der Waidmann sucht diese Auseinandersetzung, weil er glaubt, sich aus der seelenzermürbenden technischen Welt durch den unversiegbaren Brunnen der Natur und ihres Erlebnisses zu befreien. Er will das bleiben, als was er in die Schöpfungsbahn gestellt wurde: Ein Stück Natur in menschlicher Gestalt. Diese Berührung mit den ewigen Kräften des Erdenlebens, die im Innern des Jägers – sei er hoch oder niedrig – verborgenste Gluten entflammt, dieses Sicherproben in der Ordnung des Lebens führt jeden, der offen und ehrlich Stand hält und sich bewährt, zu Höherem: Zu einer echten und natürlichen Religiosität. Er erkennt seine Abhängigkeit von der Allmacht des Schöpfers und beugt sich vor ihm, indem er ihn im Geschöpfe ehrt. Das ist das Höhere, dem wir zustreben ... Jagen ist ein sehr schweres und verpflichtendes Vollbringen, es ist ein fortgesetztes Fragen und Antworten, ein ununterbrochenes Sicheinsetzen und Geprüftwerden, es ist gelebte Wirklichkeit, voll der Dämonie und voll des Guten und Schönen ... Das Waidwerk ist ein Auftrag zur Hingabe an Hohes und Letztes, wo es das nicht ist, bleibt es Schützenware. Und von diesem geistigen Standort aus wollen wir das Waidwerk weitergestalten, im Glauben an eine höhere und lebendige Weltordnung und an ein gütig lenkendes Geschick. Wahres Waidwerk ist für sich ein Licht und eine Kraft in der heutigen wirren Zeit."

Mit erstaunlichem Einfühlungsvermögen in die Mentalität deutscher Jäger schrieb der Franzose Professor Roger Champenois eine auf hohem Niveau stehende „Subjektive Studie über die Evolution des Begriffs ‚waidgerecht'". Champenois, selbst ein sensibler und von tiefer Religiosität geprägter Jäger, sieht im Bemühen, der Jagdethik ihren transzendenten Wert zu erhalten, als einzige Lösung, sie „soweit uns das möglich ist, im Licht des Christentums aufzufassen":

„Unmöglich, eine elementare Tatsache zu bestreiten: Der Jäger empfindet in sich einen Urtrieb, der ihn dazu treibt, die Tiere zu verfolgen und zu töten. Vor dem erlegten Wild empfindet dieser Jäger – in verschiedenen Abstufungen – je nach seinem Temperament, seiner Kultur, seiner Fähigkeit zu überlegen, eine gewisse Schwermut oder Reue, und genau in diesem Augenblick geschieht es, daß er an der Weltordnung zweifelt. Der Jäger, wenn er Christ ist, weiß, warum er unter diesem Widerspruch leidet, d. h. warum das Dämonische in ihm es ihm nicht gestattet, in Frieden mit den Tieren zu leben: zufolge der Erbsünde, die ihn aus dem Paradies vertrieben hat. Es ist dem Menschen nicht möglich, wenn er seinen eigenen Kräften ausgeliefert ist, den Abgrund zu füllen, der ihn von der Schöpfung trennt, und er ist dazu verdammt, in dieser zerstörten Ordnung zu leben bis zur Weltvollendung. Einzig sein Glauben an den Erlöser gibt seinem Tun als Jäger eine ethische Prägung."

Bei allem Respekt vor dieser von tiefer Gläubigkeit getragenen Überzeugung stellt sich uns doch die Frage, ob nicht auch eine von Zugeständnissen an den Begriff der Erbsünde freie philosophische Ethik, die dem Jäger das Moment der Freiwilligkeit beläßt, das Gewissen stark genug zu sensibilisieren vermag, eigenverantwortlich dem Begriff der Waidgerechtigkeit Inhalt zu geben. Wenn wir das Gewissen als ein in der Seele des einzelnen zur wirksamen Macht gewordenes Sittengesetz betrachten, läßt sich nicht ausschließen, daß es einerseits intuitiv, als dem Menschen angeboren, als auch durch Erfahrung, als Erzeugnis sittlicher Entwicklung, erkannt und respektiert werden kann.

Karl Zuckmayer spricht vom Augenblick des Tötens als „von einer gemeinsam (mit dem Wild) erlebten Katastrophe, aber auch (von) der mit ihr verbundenen Lösung oder Katharsis, von der Erfüllung eines Orakels oder Schicksalsspruches". Dann aber sucht auch er sich von Gewissenskonflikten zu befreien und das Verhältnis zur Realität zurückzugewinnen: „Zum Teufel mit aller Philosophie. Laßt uns der Schöpfung jedes Quentchen Leid abtrotzen, das wir verhüten oder lindern können. Laßt uns sein, leben und helfen, erkennen und handeln, wie's uns von Herzen kommt, und ohne zu fragen."
Damit gibt er dem Empfinden wohl der meisten Jäger Ausdruck, die sich zwar den geschriebenen und ungeschriebenen Gesetzen der Waidgerechtigkeit verpflichtet fühlen, nicht aber durch den Tod des Wildes in die Tiefen gestürzt werden, wie sie von ihm, von Perfall, von Wyler, von Gagern, von Champenois und anderen namhaften Dichtern und Schriftstellern in schmerzhaften Prozessen ausgelotet wurden. Dennoch werden auch sie nach den Maßstäben gemessen werden, die die Sensibilität von Dichtern und Schriftstellern dem Begriff der Waidgerechtigkeit gegeben hat.
Fast sechzig Jahre jagte ich. So unterschiedlich wie die durch Landschaft, Witterung, Tageszeit, gelegentliche Begleiter und persönliche Gefühlslage geprägten Umstände waren, unter denen ich dem Wild die Kugel antrug, so verschieden waren auch die Stimmungen, die das jeweilige Geschehen in mir auslöste. Auch wenn mich im Unterbewußten die Unruhe des Gewissens, wie sie mich im Anblick des ersten von mir erbeuteten, durch seinen Tod dramatisch veränderten Erpels beschlichen hatte, nie gänzlich verließ, möchte ich doch nicht den Eindruck erwecken, ich sei möglicherweise vor jedem von mir gestreckten Wild in ein reuevolles Paterpeccavi ausgebrochen.
Mehrmals gelang es mir, einem flüchtigen Rudel Rotwild, einer von Hunden gesprengten Rotte Sauen jeweils drei richtig angesprochene Stücke zu entnehmen, ohne daß eine Nachsuche erforderlich wurde – und die dem Wild sauber angetragenen Kugeln ließen mich übermütig frohlocken. Der Zwang, ohne Verzögerung zu handeln, ließ keine Hemmungen in mir auf-

kommen. Später, mit zunehmendem Alter, fiel es mir oft schwer, einem kaum in das Leben getretenen Kalb oder Kitz die Kugel anzutragen. Dann suchte und fand ich die Rechtfertigung für den Abschuß in der erbarmungslosen Realität, daß ohne den Eingriff in die Jugendklasse der Bestand ausufern würde, die Belange der Land- und Forstwirtschaft nicht mehr gewahrt wären und die Natur selbst seit eh und je das Jungwild am stärksten selektiert. In der Überzeugung gereift und nicht mehr von leidenschaftlicher Passion gebeutelt, mit ruhigerer Hand als ein Jungjäger dem Wild einen schmerzlosen Tod bereiten zu können, fand ich im Alter ein weiteres Moment, mich Hemmungen überwinden zu lassen.

Eines Abends saß ich mit einer mir aus meiner mecklenburgischen Heimat bekannten, der Jagd fremd gegenüberstehenden jungen Dame in meinem niedersächsischen Revier auf Rotwild an. Vom Hochsitz aus bot sich uns ein Bild stillen Friedens. Das Laub der Eichen am Rand der vor uns liegenden, von leichten Nebeln überzogenen Niederung hatte sich bereits verfärbt. Blaß lag das Licht der untergehenden Sonne auf den Wipfeln der uns gegenüberliegenden Kieferdickung. Leise plauderten wir miteinander. Als Heike mich fragte, ob ich wirklich ein Stück Wild schießen wolle, fühlte ich, daß es ihr widerstrebte, vielleicht den Tod eines Stück Wildes miterleben zu müssen. Wenig später verließen zwei von einem Spießer begleitete Schmaltiere die Kieferdickung. Geruhsam zogen sie in Richtung auf ein neben uns gelegenes Stangenholz. Ohne noch ein Wort mit Heike zu wechseln, trug ich dem schwächeren der beiden Schmaltiere die Kugel an, die es nach wenigen Fluchten vor dem Stangenholz verendet zusammenbrechen ließ.

Ich blickte Heike an. Etwas blaß war sie geworden. Doch dann faßte sie sich und sagte: „Daß der Tod so schnell und schmerzlos sein kann! – Gehen wir jetzt zu dem Tier?“

„Ja, Heike! Ich muß es ja noch versorgen.“

Während ich das Stück aufbrach, schaute sie mir aufmerksam zu. Nach der roten Arbeit, die ich schweigend verrichtet hatte, legte ich auf den Wildkörper einen Fichtenzweig als Inbesitznahmebruch, einen zweiten gab ich dem Schmaltier als letzten Bis-

sen. Ich wußte, daß dieser nur dem männlichen Wild zusteht, doch habe ich es seit eh und je für unbillig gehalten, ihn dem weiblichen Wild als letzte Wegzehrung vorzuenthalten.
„Sag, Goede, was bedeuten die Fichtenzweige?"
Ich erläuterte es Heike und fügte hinzu, daß dieses Ritual bereits im Mittelalter Brauchtum der Jäger gewesen sei und es neben dem Inbesitznahmebruch und dem letzten Bissen noch den Schützenbruch gebe, der dem Schützen auf Gesellschaftsjagden vom Jagdherrn überreicht würde, den ich mir hier aber, mit dem Schweiß des erlegten Wildes benetzt, selbst brechen müßte.
„Darf ich das nicht machen?" fragte mich Heike erregt. „Bitte, laß es mich tun!"
„Aber gerne, Heike! Wann erlebe ich es schon, von zarter Frauenhand einen Bruch überreicht zu bekommen!"
Angerührt von dem für sie ungewöhnlichen Erlebnis benetzte sie einen kleinen Fichtenzweig mit dem Schweiß des Schmaltieres. Ergriffenheit verklärte ihr hübsches Gesicht, als sie mir den Bruch in die Hand und impulsiv einen Kuß gab.
„Entschuldige, Goede! Aber ich habe nie gewußt, daß die Erlegung eines Wildes etwas so Feierliches sein kann. Der Tod dieses Tieres – wie anders ist er doch als jener, der zu Hause auf unserem Gut in Mecklenburg den vom Viehhändler roh auf den Wagen gestoßenen Kälbern und Schweinen im Schlachthaus bevorstand! Als Kind verkroch ich mich in meinem Zimmer, wenn die Tiere, die ich doch so liebte, vom Hof geholt wurden."
Etliche Zeit noch saßen wir schweigend neben dem Schmaltier. Als die Dunkelheit hereinbrach und ich zum Aufbruch mahnte, drückte mir Heike leise die Hand.
„Hab Dank, Goede, für diesen wunderbaren Abend! Ich werde ihn nie vergessen." –
Es war Krieg. Nach mehrfacher Verwundung nicht mehr frontdienstfähig, betreute ich als Forstmann wieder mein in Mecklenburg gelegenes Revier. Eines Tages suchte mich ein mir fremder Stabsarzt auf. Er bat mich, ihn gelegentlich mit ins Revier zu nehmen; seine Frau, seit kurzem in unserem Dorf als Krankenschwester tätig, sei vor wenigen Tagen mit einer schmerzhaften Gallenkolik ins Kreiskrankenhaus eingeliefert worden, und er

wisse nun nichts mit seinem Urlaub in der ihm fremden Umgebung anzufangen. Es stellte sich heraus, daß auch er Jäger war, doch hätte es dessen nicht bedurft, ihm seinen Wunsch zu erfüllen. Bald war er meiner Frau und mir auch in unserem Haus ein lieber Gast, und gemeinsam bangten wir mit ihm um das Schicksal seiner Frau, die sich in diesen Tagen einer schweren Operation unterziehen mußte.
Eines Morgens zeigte sich uns auf dem Rückweg von der Frühpirsch auf einer noch taunassen, im Sonnenschein glitzernden Wiese ein älterer starker Bock, den zu erlegen jeden Jäger reizen mußte. Vergeblich hatte ich bereits mehrmals dem Stabsarzt Dr. Gäde angeboten, einen Bock oder ein Stück Schwarzwild zu schießen; ein jedes Mal hatte er es abgelehnt, sich meiner Büchse zu bedienen. Die Sorge um das Schicksal seiner Frau hatte ihm die Freude am Waidwerk genommen. Dennoch glaubte ich ihn an diesem Morgen seiner depressiven Stimmung entreißen zu können; zu verlockend stand der noch vertraut äsende Bock vor uns im Sonnenschein. Schweigend reichte ich Dr. Gäde die entsicherte Büchse, und aufrichtig freute ich mich, daß er sie entgegennahm. Ein kurzes Zögern noch, dann ließ die Kugel den Bock mit gutem Blattschuß verenden. Als wir dann am Bock standen, Dr. Gäde sich über die starke Trophäe freute und ich ihm mit herzlichem Händedruck den Bruch überreichte, sagte er sichtlich bewegt:
„Wissen Sie, daß ich heute Geburtstag habe? Vor einer Woche noch hätte ich es mir an der Ostfront nicht träumen lassen, hier in Mecklenburg einen so starken Bock schießen zu dürfen."
Am Abend ließen wir bei Kerzenschein und einer guten Spätlese den Tag in uns ausklingen. Als dann noch zu später Stunde das Telefon läutete und Dr. Gäde erfuhr, daß es seiner Frau nach der am Vormittag erfolgten Operation gut gehe, empfanden wir mit ihm die von tiefer Dankbarkeit erfüllte Freude, nun doch noch alles zum besten gewendet zu sehen.
Vierzehn Tage später erreichte uns die Nachricht vom Tod Dr. Gädes, er war an der Ostfront gefallen. Möge der Tod ihn so unerwartet und schmerzlos ereilt haben wie den von ihm in letzter Freude am Waidwerk gestreckten Bock! Daß ich ihm

diese Freude vermitteln durfte, läßt mich noch heute dankbar an die mit ihm verbrachten hellen Sommertage in dunkler Kriegszeit zurückdenken. Ohne die uns beiden gemeinsame Freude am Waidwerk wären wir einander nie begegnet. –

Es war Herbst. Die Hirsche schrien seit Tagen bei anhaltend gutem Wetter. Im Espenloh stand ein einseitiger, wohl zehn Jahre alter Kronenzehner bei einem sechs Kopf starken Rudel Kahlwild. Ihm galt seit einer Woche mein Ansitz. Am Morgen war ihm nicht beizukommen; der Hochsitz, von dem aus ich ihn erlegen wollte, stand frei auf einer weiträumigen Kultur und ließ sich ohne Störung des bis in den hellen Tag auf der freien Fläche äsenden Wildes nicht erreichen. Auch abends hatte ich bislang keinen Erfolg gehabt; in zu großer Entfernung hatte das Rudel ein jedes Mal die ihm als Tageseinstand dienende Dickung verlassen.

Wieder saß ich am Abend an. Wolkenlos klar war der Himmel, Altweibersommer segelte über die Kultur und fing sich mit silbernen Fäden in den kaum kniehohen Kiefern. Als nach einer Stunde das mir bekannte Rudel knapp hundert Gänge von mir entfernt die Dickung verließ, folgte ihm statt des einseitigen Kronenzehners ein mir unbekannter Hirsch, der links nur vier Enden aufwies, dessen rechte Stange aber eine verblüffende Ähnlichkeit mit dem zuvor beim Rudel stehenden Hirsch hatte. Merkwürdig benahm er sich. Kaum hatte er die Dickung verlassen, tat er sich mit schwerem Haupt nieder, und schwerfällig kam er wieder auf die Läufe, um den Anschluß an das Rudel nicht zu verlieren. Einmal schrie er im Sitzen, kurz und gequält. Als ich nochmals mit dem zehnfachen Glas nach ihm griff, wurde ich mir endlich des Irrtums bewußt, ihn als einen mir fremden Hirsch angesprochen zu haben. Aus seiner linken, nur vier Enden aufweisenden Stange war unmittelbar an ihrer Basis die Mittelsprosse herausgebrochen. In der Nacht zuvor mußte er sie im heftigen Kampf mit einem Rivalen verloren haben. Nicht Brunftmüdigkeit war es also, die ihn abgemattet sich niedertun ließ, sondern offensichtlich eine schwere, vom Kampf herrührende Verletzung. Um so leichter fiel mir der Entschluß, ihm die bereits zuvor schon zugedachte Kugel anzutragen. Als

Zu verlockend stand der Bock vor uns im Sonnenschein.

Ein wohl zehn Jahre alter Hirsch stand bei einem sechs Kopf starken Rudel Kahlwild.

Ganzjährig geschont, nimmt der Bestand an Graureihern zuweilen überhand.

er schwerfällig wieder auf die Läufe kam, machte sie seinem Leiden ein jähes Ende.
Die Verletzungen, die ihm ein Rivale zugefügt hatte, bestätigten mir, was ich zuvor nur intuitiv erfaßt hatte: Tief in seiner Stirndecke steckte die abgebrochene Augsprosse eines fremden Hirsches, mit einem starken Bluterguß darunter in der Hirnhaut. Ein zweiter Forkelstich war unmittelbar neben dem linken Licht bis ins Gehirn gedrungen; zumindest diese Verletzung hätte zum qualvollen Tod des Hirsches geführt. Daß ich ihn von seinem Leiden erlösen konnte, erfüllte mich mit tiefer Dankbarkeit. Im Kampf mit seinem Gegner war er Sieger geblieben, hatte er die Herrschaft über sein Rudel nicht verloren. Dennoch hatte der Tod ihn gezeichnet, und mir war es beschieden gewesen, ihm diesen Tod leicht zu machen. Soviel Wild ich auch schon gestreckt hatte, vor keinem Stück bin ich so frei von aller Unruhe des Gewissens gestanden wie vor diesem letzten Hirsch meines Lebens. Nie zuvor hatte ich mich so frei von aller Schuld und Reue gefühlt wie vor diesem Hirsch, und gerade das war es, was mich im Rückblick auf ein langes Jägerleben der mich stets begleitenden, wenn auch nicht immer deutlich gewordenen Unruhe des Gewissens bewußt werden ließ.
Anfang der fünfziger Jahre war es, als die Besatzungsmacht uns die Jagdhoheit in den fiskalischen Revieren zurückgab. Bis dahin hatte sich mancher Bauer auf seine Weise der Schwarzwildplage zu erwehren versucht. Mit Reisig abgedeckte Fanggruben fand ich in meinem kurz zuvor übernommenen Revier; nicht ohne Sachverstand waren sie dort ausgehoben worden, wo brüchige Gatter am Feldrand Zwangswechsel bildeten. Mit starken Hunden wurden die Sauen von den mit Mistgabeln bewaffneten Landwirten von den Feldern vertrieben. Schlingen waren fast in jeder feldnahen Dickung zu finden, und harten Durchgreifens bedurfte es, wieder geordnete Zustände in den Revieren herbeizuführen.
Eines Morgens stieß ich auf dem Rückweg von der Frühpirsch auf vier von einem starken Schäferhund in einen bewaldeten Gatterwinkel gedrängte Überläufer, auf die johlend und mit Forken bewaffnet mehrere Landarbeiter zueilten, um ihnen den

Garaus zu machen. An einem der Überläufer hing der mächtige Hund und ließ ihn auch dann nicht aus, als ich ihn anschrie. Da es mir in dem Durcheinander nicht möglich war, der Sau die Kugel anzutragen, ging ich sie mit dem Nickfänger an, um sie abzufangen, bevor sie den Mistgabeln der Landarbeiter zum Opfer fiel. Den Hund mehr als den starken Überläufer fürchtend, holte ich zum Fangstoß aus. Mit einem wuchtigen Schlag befreite sich die Sau vom Hund, ein zweiter traf mich am Schienbein. Wieder packte der Hund die Sau im engen Gatterwinkel, und schon konnte ich ihr die Klinge ins Herz stoßen.
Sogleich setzte der Hund einer zweiten, ins Feld ausbrechenden Sau nach und hielt auch sie alsbald fest. Schneller als ich war der die Landarbeiter anführende Bauer am Stück. In seiner Wut auf das verhaßte Schwarzwild warf er sich auf den Überläufer und umklammerte ihn von hinten mit beiden Armen. Ich schrie ihm zu, er solle den Überläufer ausheben, doch von diesem Griff an den Hinterläufen hatte er offensichtlich keine Ahnung. Ein wüstes Knäuel von Bauer, Sau und Hund wälzte sich vor mir im taunassen Gemenge. Und wieder blieb mir nichts anderes übrig, als auch diese Sau mit der blanken Waffe abzufangen.
Der Bauer hatte Blut geleckt, der Erfolg ihn begeistert. Nun wollte er auch den beiden übrigen, noch in der Dickung des Gatterwinkels steckenden Sauen an die Schwarte. Auch mich hatte, ich streite es nicht ab, der Rausch mannhaften Erlebens gepackt, als ich mit nacktem Stahl wie in alter Zeit das wehrhafte Wild angegangen war. Nicht weniger Chancen hatte es gehabt als ich; die Wunde, die mir die Sau geschlagen hatte, schien es mir zu beweisen. Mit schweißgeröteter Klinge war ich Sieger in einem Kampf geblieben, wie ihn einst die Alten, die Saufeder in der Faust, mit Mann und Meute gesucht hatten. Doch dann war jäh der wilde Rausch von mir abgefallen, und ich sah wieder die irrlichternde Angst des Wildes unter dem Toben und Schreien der Menschen, unter dem brutalen Zugriff des Hundes. Ich bereute nicht, was ich getan hatte. Wie anders hätte ich auch unter der vorgegebenen Situation handeln sollen? Dem Drängen des Bauern aber, auch den anderen Überläufern noch nachzustellen, gab ich nicht nach.

Ich habe die vorstehenden Episoden aus meinem Leben hier wiedergegeben, um aufzuzeigen, wie tief und oft gegensätzlich ein Jäger den Tod des Wildes zu empfinden vermag. Ich streite nicht ab, daß mir in Revieren mit hoher Abschußquote die Erlegung des Wildes zur Routine zu werden drohte. Sobald aber dem Wild von mir oder von anderen Jägern eine schlechte Kugel angetragen worden war, sah ich mich wieder in den Zwiespalt zwischen der Freude am Jagen und dem Erbarmen mit der Kreatur gestürzt. Nirgends wurde ich mir dieses Zwiespalts stärker bewußt als bei Nachsuchen, auf denen mich mein Hund, sei es im eigenen oder im fremden Revier, an noch leidendes Wild führte. Dann hielten sich überschwengliche Freude an der Arbeit des geliebten Hundes und Mitleid mit der gepeinigten Kreatur die schwer belastete Waage.
Beneidenswert und ohne Vorwurf mag die „Unschuld des rohen Triebes“ jener Jäger bleiben, die ohne Skrupel jagen und dennoch den Gesetzen der Waidgerechtigkeit nachkommen – der Trivialität ihrer Psyche bin ich stets verständnislos gegenübergestanden.

Gestreckt

Der Abend schweigt.
Die Kreatur ist tot.
Der Schweiß
hat meine Hand
gerötet,
ich hab' getötet.

Hab' ich mich je gefragt,
was mich
in dieser Stunde
hält,
was
in die Tiefe
dieser bangen Stunde
fällt?

Die Kreatur ist tot.

Und ich ...?

Betrüg ich mich
mit dem Gebot,
dem
fadenscheinig
ich gerecht geworden?

Mein Gott,
wie leicht reimt sich
am Ende: morden
auf alles,
was in deiner Welt
geworden!

Allein:
Der Abend schweigt.

In Blut
hast du verwandelt
uns den Wein;
gib, Herr, die Kraft,
in Demut
zu verwandeln
Leidenschaft!

Kritik an Jagd und Jägern

Vor einiger Zeit erschien in Erwiderung auf einen meiner Beiträge in einer regionalen Tageszeitung eine kurze Leserzuschrift, mit der sich ein vermeintlicher Naturschützer für „ein vom Menschen endlich in Frieden zu lassendes, sich weitgehend selbst regulierendes Naturgefüge“ einsetzte. Es ist dies eine Forderung, wie sie des öfteren den Jägern gegenüber von Naturschützern erhoben wird und mit der wir uns als eine das Waidwerk zweifellos stark berührende Frage auseinanderzusetzen haben. Hinter dieser Forderung steht zumeist ein von echter Tierliebe getragener Idealismus, der im Töten eines Tieres grundsätzlich einen inhumanen Akt sieht und dem wir nicht mit billiger Überheblichkeit begegnen können.

Auch wir glauben, uns als Jäger von Idealen leiten zu lassen, doch verlieren wir dabei nicht den Blick für die Realität, für die Wirklichkeit als höchste Instanz. Allein an sie können wir den Maßstab unserer sich auf den Begriff der Waidgerechtigkeit gründenden Ideale legen, um das Waidwerk bewußt in einen Zustand erdenklichster Humanität zu erheben. Wir wissen, daß eine Verwirklichung unserer Ideale nur unter Berücksichtigung der gegebenen Natur der Dinge und der Menschen möglich ist. Wir huldigen damit einem praktischen Idealismus, von dem wir meinen, daß allein er gesund und lebensfähig und zuträglich für unsere Umwelt ist. Damit lehnen wir zugleich den schwärmerischen Idealismus überspannter Zeitgenossen ab, die zumeist die Realität der Dinge nur deshalb für unvollkommen halten, weil sie ihren utopischen Wünschen nicht entspricht. Sie stellen sich eine phantastische Idealwelt vor und fragen sich nicht, ob diese überhaupt im Bereich des Möglichen liegt. In der Enttäuschung, ihre Träume durch uns nicht erfüllt zu sehen, greifen sie uns an und stellen uns als grausam und herzlos hin.

Sie fordern von uns, etwas „in Frieden zu lassen“, was sich von Natur aus in einem permanenten Zustand erbarmungslosen Kampfes befindet, der allein den Arten die Fähigkeiten zum

Überleben gibt. Es ist eine Illusion zu glauben, die Natur sei ein Garten Eden, in dem alle Geschöpfe friedfertig miteinander leben. Der Karpfen, den sich gottlob noch der Fischadler holt, windet sich noch über lange Zeit in den grausam zupackenden Fängen; der Frosch, durch den Biß des Iltisses gelähmt, wartet über Wochen im Vorratsraum seines Feindes auf den Tod; das pesterkrankte Schwarzwild stirbt eines furchtbaren Todes an Herzbeutelentzündung; altersschwachen Hirschen steht ein entsetzliches, lang anhaltendes Sterben vor Augen; das von Hunden gerissene Reh verendet mit aufgerissenen Flanken unter unsäglichen Qualen. Die Natur ist grausam und erbarmungslos, der vom Jäger gebrachte Tod demgegenüber human. Frieden in der Natur hat es auch in der Zeit des Neandertalers nicht gegeben. Wir respektieren durchaus, daß sich Naturschützer in ihrer Liebe zum Tier für dessen Schutz einsetzen, sie dürfen darüber jedoch nicht vergessen, daß auch der Mensch, als ein Geschöpf unter anderen, zu den Beutegreifern zählt, die das eigene Leben nur auf Kosten anderer Lebewesen bestreiten können.

Natur- und Tierschützer, die das leugnen, beweisen damit nur ihre Gleichgültigkeit der Realität gegenüber. Den millionenfachen Tod von Rindern, Schweinen, Gänsen, Enten und Hühnern nehmen sie ohne Anteilnahme hin, weil er anonym bleibt und sie sich weigern, ihn sich in seiner schaurigen Wirklichkeit vorzustellen. Betrachten wir es unvoreingenommen, müssen wir erkennen, daß zur Domestizierung der unserem Lebensunterhalt dienenden Tiere ausschließlich Berechnung und Bequemlichkeit geführt haben, nicht aber irgendwelche humanitären Erwägungen. Die Beute, die sich der Mensch bis dahin unter großen Schwierigkeiten „greifen“ mußte, wurde durch die Domestizierung jederzeit „greifbar“, der Zugriff aber blieb für das domestizierte Tier stets der gleiche dramatische, tödliche Akt. Zwar haben wir den Tod der meisten uns als Nahrung dienenden Haustiere in Schlachthäuser verlegt, doch befreit uns das nicht von unserer Rolle als Beutegreifer. Im Resultat besteht kein Unterschied zwischen dem, der Tiere für sich töten läßt, und dem, der selbst tötet.

Die im Laufe von Jahrtausenden erfolgte Domestizierung unse-

rer Haustiere nehmen wir heute, zugleich mit ihrem Tod, als etwas Gegebenes hin. Dem Vorhaben aber, weitere Tierarten zu domestizieren, sie, wie es bereits mit dem Damwild geschieht, aus ihrer Freiheit in eine uns bequemere Greifbarkeit zu überführen, begegnen wir als Jäger voller Abscheu. Als Tierfreunde sehen wir im Wild Geschöpfe, die nur in freier Wildbahn ihre Idealität finden. Würde man auch das Rotwild und Schwarzwild domestizieren, sähe alsbald niemand mehr in ihnen unersetzliche Werte unserer Wälder. Zwar steht auch ihnen der Tod durch die Hand des Jägers bevor, doch kommt dieser Tod zumeist leise, unerwartet und schmerzlos, so wie wir ihn uns selbst wünschen. Dem Tod im Schlachthaus geht hingegen mit dem Blutgeruch die Angst vorm Sterben voraus.
Ich wünschte, die den Jäger oft leichtfertig verurteilenden Tierschützer machten sich einmal vor Ort, im Revier und im Schlachthaus, ein Bild vom Zugriff des Jägers und des Metzgers. Ich bin sicher, sie würden unter dem Eindruck des in der Regel schmerzlosen Todes, der das Wild in seiner vertrauten Umgebung unerwartet und ohne den furchterregenden Anblick des Menschen trifft, ihre gegen uns gerichteten Vorurteile abbauen. Wir selbst sollten den Tier- und Naturschützern des öfteren Gelegenheit geben, uns auf Pirsch und Ansitz zu begleiten; das Waidwerk würde sich auch ihnen vielleicht als eine von tiefer Verantwortung getragene Aufgabe offenbaren, die sich nicht im Töten erschöpft, sondern die Hege eines artenreichen Wildbestandes zum Ziel hat.
Dann ist da noch die Forderung der Tierschützer, die „Natur sich weitgehend selbst regulieren zu lassen". Wie illusionär diese Forderung ist, macht uns die Frage deutlich, welchen Platz denn der auf der Erde mit fünf Milliarden Exemplaren am stärksten vertretene Allesfresser Mensch im ökologischen Gefüge einnehmen soll. Wollen die Tierschützer die Lebensberechtigung des Menschen leugnen, ihn vielleicht gar unabhängig vom gemeinsamen Lebensraum aller Kreaturen betrachten? Wir können nicht die leidige Tatsache außer acht lassen, daß der Mensch wie kein anderes Lebewesen das für alle Geschöpfe gültige Gesetz der beschränkten Biotopkapazität mißachtet. Durch seine ungezü-

gelte Massenvermehrung aber ist er stärker als jedes andere Lebewesen in das ökologische Gefüge integriert. Selbst Beutegreifer, hat der Mensch es durch seine geistigen und technischen Fähigkeiten verstanden, sich von allen seinen eigenen Bestand regulierenden Feinden zu befreien. Seiner explosionsartigen Vermehrung werden sich unausweichlich und progressiv fortschreitend Nahrungsmangel und daraus resultierende Kriege und Seuchen entgegenstellen. Dem Hungertod zu entgehen, werden die Menschen von Generation zu Generation noch ausbeuterischer auf die ihnen noch verbliebenen Beutetiere und Früchte zurückgreifen müssen. Die Katastrophe für die Menschheit ist vorgezeichnet. Der Mensch in der Masse ist mit Blindheit geschlagen.
Wir können vor dieser Horrorvision zurückschrecken, ihrer Realität aber können wir auf die Dauer nicht entgehen. Und unmöglich wird es uns sein, sie mit der Forderung der Tierschützer nach einem sich selbst regulierenden Naturgefüge in Einklang zu bringen; zu tief sind bereits die Wunden, die der Mensch der Natur zugefügt hat.
Als Jäger sind wir in dieser Situation mehr denn je gefordert, ausgleichend in das aus den Fugen geratene Naturgefüge einzugreifen. Wo immer es einer Tierart an regulierenden Beutegreifern fehlt, besteht die Gefahr, daß sie sich über die Kapazität des ihr von der Natur zugewiesenen Biotops hinaus vermehrt und dieser sich für sie und oft auch für konkurrierende Lebewesen als nahrungsspendende Grundlage erschöpft. Das aber beschwört wiederum die Gefahr herauf, daß die jeweilige Tierart in ihrer körperlichen Verfassung geschwächt und für unterschiedlichste Krankheiten anfällig wird. Wir kennen das, um nur einige Beispiele anzuführen, von der Geflügelpest der Fasane, von der Myxomatose der Kaninchen, von der Kokzidiose und Pseudotuberkulose der Hasen, von der Tollwut der Füchse und Dachse und von der Schweinepest des Schwarzwildes. (Und wir fragen uns heute, anno 1988, ob das erschütternde Massensterben der Robben in der Nordsee eingetreten wäre, wenn man ihren normalen Bestand nicht auf das Dreifache hätte anwachsen lassen. Es ist nicht einfach von der Hand zu weisen, daß eine rechtzeitige Bejagung der Robben mit dem Ziel, den

Bestand in einer dem Biotop angepaßten Stärke zu erhalten, den Seuchengang verhindert hätte. Ein zumeist vergebliches Unterfangen aber bleibt es, solches den von falscher Tierliebe besessenen Naturschützern klarzumachen).
Die Gefahr einer Überpopulation besteht, zumindest regional, für fast alle Schalenwildarten, sofern von ihren Beständen nicht wenigstens der jährliche Zuwachs abgeschöpft wird. Schneearme Winter erschwerten in den letzten Jahren insbesondere die Bejagung des Schwarzwildes, das sich in der Bundesrepublik und in den ihr benachbarten Ländern explosionsartig vermehrte. Strecken von 80000 Sauen und darüber im Bereich der Bundesrepublik vermochten den Bestand nicht nachhaltig zu reduzieren. 1965 und 1974 wurde das Schwarzwild in der Südheide bereits bei einer wesentlich geringeren Wilddichte durch die Schweinepest dezimiert. Mit einem ungleich stärkeren Seuchengang müssen wir heute rechnen, wenn es uns nicht gelingt, die Schwarzwildbestände nachhaltig in den Griff zu bekommen.
Können Naturschützer wirklich so exaltiert sein, in der Schweinepest, in sonstigen Seuchen oder im Hungertod des Wildes klassische Modelle für die von ihnen erhobene Forderung nach einem sich selbst regulierenden Naturgefüge zu sehen? Man muß das tatsächlich annehmen, wenn man ihre Forderung in letzter Konsequenz durchdenkt. Die Qualen aber, die dem Tod des Wildes durch Seuchen oder Hunger vorrausgehen, vermögen offensichtlich die Fantasie der hinter derartig illusionären Forderungen stehenden Naturschützer nicht zu bewegen.
Bezeichnend für die Auffassung mancher Umweltschützer ist in diesem Zusammenhang eine kürzlich in der Jagdpresse veröffentlichte Diskussion, bei der es um die Reduzierung zu stark angewachsener Reiherbestände ging. Während sich einige Jäger in Anbetracht der von den Reihern in Fischzuchtbetrieben verursachten Schäden und der Tatsache, daß zahlreiche Reiher bereits mangels Nahrung elend verhungerten, für einen begrenzten Abschuß aussprachen, sieht ein sich dem Schutz der Umwelt widmender Professor in einem solchen Vorhaben „ein Handeln gegen die Schöpfungsordnung“. „Den natürlichen Tod“, so schreibt er zum Thema Reiher, „den Tieren ersparen zu wollen,

zumal jenen Tieren, deren Wildbret uns nicht zur Nahrung dienen kann, betrachte ich nicht als unsere Aufgabe.“ (Daß gebratene Reiherbrüste eine Delikatesse sind, ist diesem Wissenschaftler offensichtlich entgangen.) Zwar will auch er alle Tierarten als Geschöpfe Gottes erhalten sehen, das aber bedeutet für ihn nicht, „daß wir in ihr natürliches Werden und Vergehen eingreifen müssen (d.h. unter anderem auch, daß wir ihnen nicht den Hungertod ersparen müssen, wenn es um den Hungertod von 20 bis 30 % der Population geht – übrigens ein Verlust, der in das natürliche Artprogramm bereits als Faktor eingebaut ist).“ Unverständlich bleibt uns, wenn er in diesem Zusammenhang schreibt: „Nur der Mensch kennt das Phänomen des Todes, die Todesangst in Hungersnot und Kälte.“

Was berechtigt ihn anzunehmen, daß Tiere keine Todesangst kennen? Und wie will er uns das beweisen? Als 1974 mein in der niedersächsischen Südheide gelegenes Revier von der Schweinepest heimgesucht wurde, fand ich am Rande eines lichten Altholzes drei verendete, eng aneinandergedrängte Frischlinge. Wenige Schritte von ihnen entfernt lag ein ebenfalls verendeter zweijähriger Keiler, an den sich zwei schwer erkrankte Frischlinge schmiegten. Keinen Augenblick zweifelte ich im Anblick dieses erschütternden Bildes daran, daß entsetzliche Todesangst die beiden noch lebenden Frischlinge die unmittelbare Nähe des stärkeren Stückes hatte suchen lassen. Und in Todesangst hatten sich auch die drei verendeten Frischlinge aneinandergedrängt. Wer behauptet, daß Tiere keine Todesangst kennen, hat auch gewiß noch kein krankes Stück Wild, unter welch zwingenden Gründen auch immer, mit der blanken Waffe abfangen müssen und noch nie die irrsinnige Angst in den brechenden Lichtern eines Tieres gesehen.

Daß Verluste einer Tierart bis zu einem gewissen Prozentsatz ihrer Population bereits als Faktor in ihr natürliches Artprogramm eingebaut sind, wird von uns nicht bestritten. In einer noch im Gleichgewicht befindlichen Umwelt sind dies aber Verluste, die durch selektiv wirkende Beutegreifer eintreten, die vorwiegend schwache Tiere schlagen, natürlich auch durch Hunger geschwächte, denen sie damit ein langes und grausames

Sterben ersparen. Da es heute vielen Tierarten, auch den regional verstärkt auftretenden Reihern, in dem von Menschen weitgehend zerstörten Naturgefüge an natürlichen Beutegreifern fehlt, sehen wir uns als Jäger verpflichtet, Überpopulationen abzubauen, um die jeweiligen Bestände selbst in gesunder Stärke zu erhalten. Soweit es sich dabei um Tierarten handelt, die uns als Nahrung dienen, gewinnen wir damit zugleich wertvolles Wildbret, das in seiner Qualität weit besser ist als das Fleisch von in engen Boxen aufgezogenen und oft mit fragwürdigen Futtermitteln gemästeten Haustieren. Jagd ist somit auch Ernte aus den durch nachhaltige Hege gewonnenen Überschüssen. Wie beträchtlich diese Ernte in der Bundesrepublik ist, wird am Beispiel der Jahresstrecke 1986/87 deutlich, die mit einem Wert von rund 212 Millionen Mark (Durchschnittspreis ab Revier) zu veranschlagen ist. Der Wert des Wildbrets beziffert sich dabei auf rund 199 Millionen Mark, der des Pelzwerks (Fuchs, Dachs, Marder, Iltis und Wiesel) auf rund 13 Millionen Mark.

Andererseits verpflichtet uns das Bundesjagdgesetz zur Pflege und Sicherung der Lebensgrundlagen auch jener Wildarten, die in ihrem Bestand bereits bedroht sind. Wir denken dabei, um nur einige zu nennen, an das regional bedrohte Rebhuhn, an das Birk- und Auerwild, an Hohl- und Turteltaube, an Wachtel und verschiedene Entenarten und selbstverständlich auch an viele andere, dem Jagdrecht nicht unterliegende Tierarten, die durch ihre Vielfalt den Zauber unserer Landschaft ausmachen.

Die Ursachen für den Rückgang ihrer Bestände sehen wir, wie auch viele Naturschützer, in der zu intensiven Nutzung und unverantwortlichen Ausräumung der Landschaft sowie im Ausbringen von Insektiziden und Herbiziden mit dem damit verbundenen Verlust an Deckungsmöglichkeiten und Nahrungsquellen.

Um der Verödung der Landschaft zu begegnen und Rückzugsstandorte für bedrohte Tierarten zu schaffen, legten allein die Jäger Niedersachsens in der Zeit von 1967 bis 1983 auf 4070 Einzelflächen, mit einer Gesamtfläche von 1190 Hektar, Hegebüsche und Schutzgehölze an. Die Zuschüsse der Landesjägerschaft für die Fortsetzung dieses Programms beliefen sich allein

in den letzten vier Jahren auf 1,2 Millionen Mark, ein Betrag, der ausschließlich aus den Mitgliedsbeiträgen der Jäger aufgebracht wurde. Darüber hinaus rief die Landesjägerschaft Niedersachsen zur Spendenaktion für die Stärkung des ökologischen Gleichgewichts und die Gestaltung und Pflege des Wildlebensraumes auf. Aus Mitteln dieser Aktion und aus Mitgliedsbeiträgen der Jäger wurden in den letzten Jahren, bis 1985, 130,5 Hektar Naturland im Wert von weit über eine Millionen Mark angekauft und damit langfristig für den Naturhaushalt gesichert. Allein der Ankauf von 26,37 Hektar Kleinstflächen wertvoller Feuchtbiotope kostete die Jäger in den vergangenen Jahren rund 245 000 Mark. Ausnahmslos dienen diese Maßnahmen der Verbesserung von Biotopen, nicht aber dem Ziel, den Jägern mehr Jagdmöglichkeiten zu schaffen.
Das wird zumeist auch von den Naturschützern anerkannt. Sobald wir aber dafür eintreten, durch begrenzten Abschuß regionale Überpopulationen von Beutegreifern, wie Habichte, Kolkraben, Elstern, Rabenkrähen und Eichelhäher, abzubauen, um in seinem Bestand bedrohtes Niederwild und bereits selten gewordene Singvogelarten nicht noch stärker dezimieren zu lassen, stoßen wir bei vielen von ihnen auf scharfe Ablehnung. Ihre von hoher Warte aus vertretene These, das Verhältnis zwischen Beutegreifern und Beutetieren regle sich in der Natur von selbst, erweist sich als Illusion, wenn es regional um den Schutz von Restpopulationen einer Tierart geht. Selbst in ihrem Bestand durch ein breites Nahrungsangebot nicht gefährdet, werden die genannten Beutegreifer nicht darauf verzichten, auch noch die letzten Exemplare örtlich bereits gefährdeter Tierarten zu schlagen. Das unsinnige, von Tierschutz- und Naturschutzverbänden über die Europäische Gemeinschaft erreichte Verbot der Bejagung von Elstern, Rabenkrähen und Eichelhähern hat nicht nur den Protest der Jäger, sondern auch ungezählter Bürger hervorgerufen, die um den Bestand der Singvögel in ihren Gärten besorgt sind. Wie halten es übrigens diese Naturschützer, um nur ein Beispiel für das Mißverhältnis zwischen Theorie und Praxis zu nennen, mit den Bisamen, die zu Hundertausenden Dämme und Deiche zerstören? Glauben sie wirklich, daß auch

diese Tierart sich in ihrem Bestand ohne den Eingriff durch den Menschen natürlich reguliert?
Krasser und unsachlicher aber noch als die hier angedeutete Einstellung einzelner Ökologen und Naturschützer ist die Forderung ausgesprochener Jagdgegner, die Jagd gänzlich zu verbieten, zumindest aber das Jagdrecht dem Naturschutzrecht zu unterstellen, die Jagdausübung auf allenfalls noch fünf oder sechs Wildarten (Schalenwild und eventuell noch Kaninchen) zu beschränken und sämtliches Wild, das ganzjährige Schonzeit genießt, aus dem Jagdrecht herauszunehmen.
Aus welcher ideologischen Ecke uns Jägern hier der Wind ins Gesicht bläst, machen uns die doktrinären Forderungen und häßlichen Anwürfe mancher Jagdgegner ebenso deutlich, wie der Jargon, mit dem sie vorgetragen werden. Da spricht ein sich selbst als „Naturschutzexperte" bezeichnender Landtagsabgeordneter von der Jagd „als einer exklusiven Form gesellschaftlicher Begegnung mit dem Prinzip der Lust am Töten". Einen Regierungsbezirk, in dem regional zum Schutz letzter Bestände an Birkwild und Rebhühnern einige Habichte zum Abschuß freigegeben wurden, bezeichnet dieser „Experte" als „Musterknallbezirk". Dem Hinweis eines Reporters auf die Verdienste der Jäger, durch Hegebüsche den Besatz des Niederwildes anzuheben, begegnet er mit der schnöden Bemerkung: „Irrtum. Die wollen (doch nur) das Niederwild wieder jagdbar machen und abpüstern." Die Notwendigkeit, Aufgaben, die einst von den Beutegreifern Bär, Wolf und Luchs wahrgenommen wurden, heute von den Jägern vollziehen zu lassen, bezeichnet er als eines der „blödesten Argumente" und „ökologischen Hokuspokus". In der Jägerschaft sieht er „eine Männerhorde mit starkem Imponiergehabe, eine Privatarmee, Gewehr bei Fuß. Wenn die den grünen Rock anhaben, spielen sie verrückt und sind nicht wiederzuerkennen. In der Tötungstechnik kennen sie sich aus, aber sonst"? „Jagd", so meint er, „ist lustbedingtes Töten, der Jäger geilt sich dabei auf." Widerlicher geht es wirklich nicht mehr, und wenn man weiß, daß dieser Experte Volksschullehrer ist, kann man nur um die Jugend bangen, der vielleicht solch abgeschmacktes Gedankengut vermittelt wird.

Einen Gesinnungsgenossen findet dieser Vertreter der Grünen in einem Arzt, der sich der Mühe unterzog, ein umfangreiches, ausschließlich gegen die Jagd und die Jäger gerichtetes Buch zu schreiben. Auch er huldigt der alten Sentenz „Audacter calumniare, semper aliquid haeret“ – Nur keck verleumdet, etwas bleibt immer hängen. Verfehlungen einzelner Jäger des 236000 Mitglieder zählenden Deutschen Jagdschutz-Verbandes dienen ihm in seinem böswilligen Machwerk zur Diffamierung der gesamten Jägerschaft. Mit Behagen berichtet er unter anderem über die Brutalität zweier betrunkener Jäger, die ihren Hund ohne Betäubung mit dem Messer kastrierten, weil dieser auf der Jagd versagte. Daß beide vom Deutschen Jagdschutz-Verband vor den Kadi gebracht und für immer aus der Jägerschaft ausgestoßen wurden, verschweigt er jedoch wohlweislich. Kein Jäger, es sei denn, er fröne einer ähnlichen Gehässigkeit, würde auf den Gedanken kommen, die Ärzteschaft in Bausch und Bogen zu verurteilen, nur weil einige ihrer Vertreter gegen den hippokratischen Eid verstießen.
Die Qualen gelegentlich krankgeschossenen Wildes liefern ihm ein weiteres Argument für die Verdammung der Jagd schlechthin. Vielleicht ist sein Mitgefühl mit der leidenden Kreatur sogar echt, doch wenn er die Jagd als ein „Vorrecht der Mächtigen“ bezeichnet und uns als Motivation fürs Jagen „soziales Prestige“ und als entscheidende Triebfeder „Freude am Töten“ unterstellt, wird nur allzu offensichtlich, daß es ihm primär nicht um das Wild geht, sondern um die Ausschaltung einer ihm verhaßten Gesellschaftsgruppe, eben der Jägerschaft.
Einen selbstmörderischen Salto schlägt seine Logik, wenn er zugibt, daß man den Wildbestand sich nicht selbst überlassen könne und auch in Zukunft Tiere getötet werden müßten. Das aber dürfe beileibe nicht durch Jäger geschehen; allein „besoldete Naturschützer“, die „unter Anlegung strengster Maßstäbe schonend, schnell und schmerzlos töteten“, wären für diese Aufgabe geeignet. Ergo – die Jagd wird im Endeffekt doch nicht „abgeschafft“, sondern soll künftig von Laien betrieben werden. Und damit ihnen dieses grausame Geschäft nicht allzusehr das Gewissen belastet, sollen sie für das Töten besoldet werden. Die Tradi-

tion der deutschen Jäger, die sich nach Recht und Gewissen der Waidgerechtigkeit verschrieben haben, und ihre weltbekannte vorbildliche Ausbildung sind diesem Mann nichts wert.
Wer die beiden zitierten Zeitgenossen sind? Ich meine, wir sollten ihnen und ihren Gesinnungsgenossen durch die Nennung ihrer Namen nicht auch noch unsere Referenz erweisen; Eingeweihte wissen ohnehin, wer gemeint ist.
Als Exponenten einer verbohrten Ideologie verstehen sie es – und darin liegt ihre Gefahr –, durch sentimentale Sprüche den Idealismus echter Tierfreunde schamlos für politische Zwecke zu nutzen. Indem sie gegen die Jäger als eine „elitäre Gesellschaftsgruppe" hetzen und ihnen unterstellen, aus reiner Mordlust unschuldige Tiere zu töten – und es läßt sich ja nicht leugnen, daß wir töten – gelingt es ihnen, gutgläubige, im besten Sinne naive und nur auf das Wohl der Tiere bedachte Bürger in eine gegen uns aufgebaute klassenkämpferische Front zu integrieren.
Natürlich ist es abwegig, die Jägerschaft als eine homogene Gesellschaftsgruppe zu bezeichnen, so vielfältig sie sich aus allen Schichten unserer Bevölkerung zusammensetzt, und als Elite im echten Sinne einer Auslese der Besten, als eine Minderheit höchsten Wertes und höchster Leistungen kann und will sie sich nicht betrachten. Die Leistungen sachverständiger, engagierter Naturschützer, die ihre freie Zeit im Rahmen welcher Naturschutzorganisation auch immer dem Schutz von Tier, Pflanze und Umwelt opfern, sind gewiß nicht geringer zu bewerten als die von den Jägern im weiten Rahmen der Revierbetreuung erbrachten.
Beide, Jäger wie Naturschützer, haben den Schutz der vielfach bedrohten Umwelt zum Ziel. Wo immer sie dieses Ziel gemeinsam verfolgen, bereichern sie einander durch Austausch von Erfahrungen, durch Kenntnisse auf speziellen Gebieten und durch gegenseitige Anerkennung ihrer Leistungen.
Bewußt geschürte Intoleranz schränkt hingegen die Basis gemeinsamen Handelns ein und verführt obendrein manchen indoktrinierten Naturschützer zu dilettantischer Polemik gegen die Jagd und die Jäger. Da kommt es dann zu Anwürfen, die jeder Sachkenntnis entbehren und allein Zeugnis für eine Diffa-

Jäger ließen es sich Millionen DM kosten, um dem Niederwild, insbesondere dem Rebhuhn, neue Lebensräume zu schaffen.

Durch eine unsinnige Verordnung von der Bejagung ausgenommen, wurde die Elster zum ärgsten Feind der Singvögel.

Jagdgegner sprechen dem seit 500 Jahren bei uns heimischen Fasan die „Lebensberechtigung in unseren Breiten" ab.

Mit dem unverständlichen Verbot der Frühjahrsbejagung der Schnepfe wurde den Jägern das Jagdrecht beschnitten.

mierung um jeden Preis bleiben. Nicht wenige Leserzuschriften, die mich erreichten, sprechen in ihrer Unsachlichkeit für sich. Da wird dem „Fremdling Fasan“, der bereits im 11. Jahrhundert in England und Böhmen bejagt wurde und zumindest seit 500 Jahren bei uns heimisch ist, die „Lebensberechtigung in unseren Breiten“ abgesprochen. (Wollten wir den Fasan wirklich als Fremdling betrachten, dürfte uns auch das „erst“ seit dem 14. Jahrhundert in Deutschland als jagdbares Wild bekannte Kaninchen nicht näherstehen.) Da fehlt nicht die Polemik, daß „Rabenkrähen, Elstern und Eichelhäher zu keiner Zeit die Jäger etwas angehen“. Einen Glanzpunkt mit seiner Leserzuschrift setzte ausgerechnet ein Pressewart des Deutschen Bundes für Vogelschutz mit der Behauptung, die Jäger hätten keine Ahnung von Wildbestandsschätzungen. Den Beweis dafür blieb er uns nicht schuldig. Im Handbuch des Deutschen Jagdschutz-Verbandes von 1985, so der Pressewart, sei der geschätzte Bestand an Kaninchen mit 300000 Exemplaren vermerkt, diesem Bestand aber stünde auf einer der nächsten Seiten des Handbuches eine Strecke von über 600000 Kaninchen gegenüber. Es wurden also, so Herr X., „mehr als doppelt so viele Kaninchen abgeschossen, als von den Jägern dort vorkommend geschätzt wurden“. Ich konnte dem Pressewart leider nicht die peinliche Antwort ersparen, daß wir bei unseren Schätzungen vom Frühjahrsbestand ausgehen und sich die Karnickel, deren Fruchtbarkeit landläufig bekannt sei, jährlich mindestens um das Zweifache vermehren. So unerquicklich das Verhältnis zwischen Jägerschaft und Naturschutzverbänden auch vielfach ist, gänzlich unschuldig sind wir als Jäger an diesem Zustand gewiß nicht. Durch ungerechtfertigte, aber auch berechtigte Vorwürfe verstimmt, verharren wir zumeist in Abwehr, statt in unmittelbarem Kontakt den Naturschützern unsere Argumente zu unterbreiten. Wir vergäben uns gewiß nichts, wenn wir führende Funktionäre der Naturschutzverbände zu unseren Veranstaltungen, zu Hegering- und Kreisgruppenversammlungen und zu Lehrwanderungen, einladen würden. In unseren Revieren zumeist im stillen wirkend, machen wir unseren breitgefächerten Aufgabenbereich der Öffentlichkeit zu wenig deutlich.

Vorteile des Reviersystems

Im Gegensatz zu anderen Ländern, in denen das Wild im Rahmen von Lizenzjagden ohne Rücksicht auf Eigentumsgrenzen bejagt wird, ist in der Bundesrepublik das Jagdrecht untrennbar mit dem Eigentum an Grund und Boden verbunden; allein dem Eigentümer steht das Jagdrecht auf seinem Grund und Boden zu. Als selbständiges dingliches Recht kann es nicht begründet werden.

Jagdbezirke, in denen die Jagd ausgeübt werden darf, sind entweder Eigenjagdbezirke oder gemeinschaftliche Jagdbezirke, Eigenjagdbezirke müssen mindestens eine zusammenhängende Fläche von 75 Hektar aufweisen. Grundflächen einer Gemeinde oder abgesonderter Gemarkungen, die nicht zu einem Eigenjagdbezirk gehören, bilden einen gemeinschaftlichen Jagdbezirk, wenn sie im Zusammenhang mindestens 150 Hektar umfassen.

Eigentümer von Eigenjagdbezirken und auch die in einer Jagdgenossenschaft zusammengefaßten Eigentümer gemeinschaftlicher Jagdbezirke können die Jagd durch Verpachtung nutzen. Wie immer auch die Jagd genutzt wird, ob direkt oder durch Verpachtung, in jedem Fall stellt das Jagdrecht als besondere Nutzungsform des Grund und Bodens einen beträchtlichen Wert für die Grundeigentümer dar.

1987 umfaßten die Jagdbezirke der Bundesrepublik insgesamt eine Fläche von 23,6 Millionen Hektar. Davon entfielen in etwa 2,3 Mio. Hektar (= 10 %) auf Jagden des Bundes und der Länder, 4,0 Mio. Hektar (= 17 %) auf Eigenjagdbezirke und 17,3 Mio. Hektar (= 73 %) auf gemeinschaftliche Jagdbezirke. Damit wird deutlich, wie stark Land- und Forstwirte mit ihrem Grund und Boden an der Bildung von gemeinschaftlichen, zumeist verpachteten Jagdbezirken beteiligt sind. Die aus der Verpachtung dieser Jagdbezirke erzielten Einnahmen beliefen sich 1987 auf annähernd 400 Millionen Mark, ein für die Existenzsicherung vieler Land- und Forstwirte unverzichtbarer Betrag.

Die Bindung des Jagdrechts an den Grund und Boden hat in Deutschland zum Reviersystem geführt, um das uns viele Länder beneiden. Dieses System teilt flächendeckend die gesamte Bundesrepublik in Jagdbezirke auf, in denen die jeweils zuständigen Revierinhaber gesetzlich verpflichtet sind, einen artenreichen und gesunden Wildbestand zu erhalten und dessen Lebensgrundlagen zu sichern. Sie allein sind für diese Aufgaben dem Gesetzgeber voll verantwortlich. Kein Naturschutzverband hat einen entsprechenden gesetzlich verankerten Auftrag. Was immer er auch für den Umweltschutz tut, geschieht außerhalb jeder persönlichen Verantwortung, und niemand kann ihn, im Gegensatz zu den Revierinhabern, für Fehlleistungen oder unterlassene Handlungen zur Rechenschaft ziehen.
Wenn ein Kreisverband des Deutschen Bundes für Vogelschutz, wie kürzlich geschehen, erklärt, der „Naturschutz“ (womit er sich offenbar selbst meint) habe sich „um 449 Wirbeltiere und 3 476 Wirbellose zu kümmern“, während von den Jägern nur „ca. 20 Tierarten“ zu betreuen sind, wird die Demagogie des für diesen Beitrag verantwortlichen Verfassers offenbar. Gewiß würde der DBV ins Schwimmen geraten, wenn wir Jäger fordern würden, uns die annähernd viertausend Tiere einmal aufzulisten und mitzuteilen, was der DBV für sie im Sinne der Hege und Bestandssicherung bislang getan hat. Der DBV sollte es besser unterlassen, derartig hochzustapeln; er hat es im Hinblick auf die von ihm erbrachten Leistungen wirklich nicht nötig, mit uferlosen Zahlen, die niemand überprüfen kann, Eindruck zu schinden. Er kann damit allenfalls sein Interesse für die gesamte Tierwelt bekunden, nicht aber das Gesetz leugnen, das allein die Jäger zur Erhaltung eines artenreichen und gesunden Wildbestandes und zur Sicherung seiner Lebensgrundlagen verpflichtet. Und daß zum artenreichen Wildbestand mehr als „ca. 20 Tierarten“ zählen, sollte eigentlich jeder engagierte Naturschützer wissen. Gewiß führen das Bundesjagdgesetz und die für die Jäger ebenfalls bindende Bundeswildschutzverordnung nur annähernd hundert Tierarten auf, die Jäger aber fühlen sich darüber hinaus für eine artenreiche Umwelt, und das besonders in den ihrer persönlichen Obhut anvertrauten Revieren, nicht

weniger verantwortlich als engagierte Tier- und Naturschützer. Für sie ist es selbstverständlich, auch jenen Tieren Schutz und Hege angedeihen zu lassen, die nicht zum jagdbaren Wild zählen. Wer so wie sie mit der Natur verbunden ist, wird sich der moralischen Verpflichtung nicht entziehen können, jeden Schaden von ihr abzuwenden.
Daß Jagd angewandter Naturschutz ist, beweisen die Jäger durch die ständige Beaufsichtigung ihrer Reviere. Sie sichern damit vielfach gesetzlich geschützte Lebewesen vor der Bedrohung durch uneinsichtige Zeitgenossen. Kein verantwortungsbewußter Jäger wird es in seinem Revier dulden, daß Brutplätze von Vögeln gestört, seltene Pflanzen vernichtet, Feuchtbiotope beunruhigt, Käfer oder Schmetterlinge gesammelt, Abfälle in die Wälder gebracht oder sonstige Untaten verübt werden.
Mit der Hege des jagdbaren Wildes ergeben sich oft positive Auswirkungen auch für andere Lebewesen, so zum Beispiel mit der Fütterung des Schalenwildes, der Fasanen, der Rebhühner und der Enten in Notzeiten. In harten Wintern sammeln sich an den mit Körnerfutter beschickten Futterstellen viele Vogelarten, aber auch zahlreiche Mäuse, die es den Eulen ermöglichen, auch bei hoher Schneelage noch Beute zu machen und den Winter zu überleben. Selbst der Abschuß von Schalenwild kommt anderen Tieren zugute. Die Zahl des erlegten oder von Kraftfahrzeugen getöteten Schalenwildes beläuft sich in der Bundesrepublik jährlich auf fast eine Million Exemplare. Der Aufbruch, der Magen und die Därme, der meisten dieser Tiere verbleibt im Revier und dient vielen anderen Lebewesen, so den Raben, Greifen, etlichen Singvögeln, Mardern, Iltissen und zahlreichen Wirbellosen, zum Fraß. Auch Äsungsflächen bereichern das Nahrungsangebot für nicht jagdbare Tiere; Bienen, Hummeln und Schmetterlinge suchen hier blühende Pflanzen auf.
Die von uneinsichtigen Politikern unterstützte Forderung jagdfeindlicher Naturschützer, einzelne Wildarten dem Jagdrecht zu entziehen oder die Jagd als solche gar abzuschaffen, stellt zwangsläufig den aus dem Jagdrecht resultierenden Wert des Grundeigentums und das Reviersystem in Frage und läßt Land-

wirte und Jäger in einem Boot sitzen. So illusorisch uns diese Forderung auch erscheinen mag – sie könnte ihre Erfüllung nur durch eine Verfassungsänderung finden, für die im Bundestag zumindest Zweidrittel der Abgeordneten stimmen müßten –, hat sie doch bereits Schritt für Schritt dazu geführt, das Jagdrecht zu paralysieren. Schon die gesetzlich verankerte Freigabe der Wälder für einen uneingeschränkten Publikumsverkehr führte in vielen Revieren zu einer permanenten Beunruhigung des Wildes mit der Folge, daß es nur schwerlich noch zu bejagen ist, oft die erforderlichen Abschüsse nicht getätigt werden können und in den Tageseinständen des Wildes starke Schälschäden zu verzeichnen sind. Das von den Naturschützern über die EG-Vogelschutzrichtlinie erreichte Verbot der Frühjahrsbejagung der Schnepfen und die völlige Unterschutzstellung der Rabenkrähen, Elstern und Eichelhäher führte zu einer Einschränkung des einst selbstverständlichen Aneignungsrechtes der Grundbesitzer an diesen Tieren. Die Aufnahme jagdbaren Wildes, das nach dem Bundesjagdgesetz bereits völlige Schonzeit genießt, in die von Naturschützern erstellten fragwürdigen Roten Listen läßt die Absicht, weitere Tiere dem Jagdrecht zu entziehen, nur allzu deutlich erkennen. Die Salamitaktik, die in diesen Vorgängen liegt, wurde von den Jägern längst erkannt; die grundbesitzenden Landwirte, die davon doch in ihren Rechten am stärksten beeinträchtigt werden, verharren noch weitgehend in Passivität. Da wird zum Beispiel argumentiert, wie naheliegend es doch sei, ganzjährig unter Schonzeit stehendes jagdbares Wild, wie Wisent, Elchwild, Steinwild, Schneehase, Murmeltier, Luchs, Wildkatze, Fischotter, Wachtel, Haselwild, Alpenschneehuhn, Hohl- und Turteltaube, etliche Gänse- und Entenarten, Graureiher, Haubentaucher, Großtrappe, Greife, Falken und Kolkrabe, dem Bundesjagdgesetz zu entziehen und dem Naturschutzrecht zu unterstellen. Doch geschähe das, würden diese Arten nicht mehr unter dem Schutz persönlich verantwortlicher Revierinhaber stehen. Es bestünde auch nicht mehr die Möglichkeit, diese oder jene Art im Falle regionaler Überpopulation, wie sie bereits bei Reihern, Kolkraben und einigen Greifen zu beobachten ist, zu bejagen. Vor allem aber könnte ein Verstoß

gegen den Schutz dieser Arten nicht mehr als streng zu bestrafende Wilddieberei, sondern nur noch mehr oder minder lasch als Ordnungswidrigkeit geahndet werden.
Und noch ein weiteres Moment sollten wir dabei nicht außer acht lassen: Sobald das Vorkommen seltener Tiere der breiten Öffentlichkeit bekannt wird, ist es um ihre Heimlichkeit geschehen. Vermeintlich der Information dienende Lehrwanderungen dieses oder jenes Naturschutzverbandes und auf seltene Bilder erpichte Tierfotografen würden sie alsbald beunruhigen. Wir verkennen nicht den wertvollen Einsatz verantwortungsbewußter Tierschützer, die bei Tag und Nacht die Horste von Seeadlern und Falken bewachen, um sie vor zudringlicher Neugier zu bewahren, wir haben es als Revierinhaber aber schon zu oft erleben müssen, daß vermeintlich wissenschaftliches Interesse nur ein Vorwand für die Befriedigung persönlicher Neugier ist. Noch immer diente Verschwiegenheit am besten dem Schutz seltener Tiere und Pflanzen, deren Vorkommen der Öffentlichkeit preiszugeben wir uns als Jäger und Forstleute aus verständlichen Gründen weigern.
Wäre das Jagdrecht nicht mehr an den Grund und Boden gebunden, müßte auch das Reviersystem aufhören zu bestehen. Es gäbe dann auch keine Revierinhaber mehr, die „ihr“ Wild hegen, es in Notzeiten auf eigene Kosten füttern, seine Lebensgrundlage durch Biotoppflege erhalten und für die in Forst- und Landwirtschaft entstandenen Wildschäden aufkommen. 1987 brachten die Jäger für Wildhege, Lebensraumverbesserung, Jagdschutz, Wildschadenersatz, Jagdeinrichtungen, Jagdausrüstung, Jägerausbildung und Hundehaltung nahezu eine halbe Milliarde Mark auf. Wollte man diese enorme Summe dem Staat, sprich dem Steuerzahler, aufbürden, müßten wir uns fragen, wer dann über die Vergabe dieser notwendigen Mittel entscheiden würde. Etwa unkundige Bürokraten, die gewiß alles andere als wildfreundlich wären?
Gäbe es keine festen Jagdbezirke mehr, würden heute diese und morgen jene Jäger die Felder und Wälder der Bauern bejagen, anonym und ohne jeden Kontakt mit den Grundeigentümern. Landwirte und Jäger könnten einander nicht mehr als

Ansprechpartner in allen mit der Revierbetreuung zusammenhängenden Fragen betrachten, und zahlreiche, nur von ihnen gemeinsam zu lösende Fragen würden unbeantwortet bleiben. Natürlich sind sich selbst jagdfeindlichste Naturschützer darüber im klaren, daß zumindest einzelne Wildarten weiterhin bejagt werden müßten, um Überpopulationen und damit verbundene Wildschäden und etwaige Seuchen zu verhindern. Das aber soll nach ihren Vorstellungen nur durch „besoldete Naturschützer“ erfolgen, was zusätzlich enormer finanzieller Mittel bedürfte. Es würde also immer noch gejagt werden, wenn auch nicht mehr – und darauf kommt es den Jagdgegnern an – von einer ihnen verhaßten „elitären Gesellschaftsgruppe“, die nur in ihren Wahnvorstellungen existiert. Das Ganze ist so widersprüchlich, naiv und illusorisch, daß man darüber zur Tagesordnung übergehen könnte, stünden hinter diesen Bestrebungen nicht gewisse Ideologen, die in den Naturschützern eine ihnen gefügige Lobby sehen, deren Idealismus sie auf Kosten des Wildes und der Umwelt schamlos für die Durchsetzung ihrer obskuren politischen Ziele mißbrauchen.
Bei allem Respekt aber, den wir selbslosen, von keiner Doktrin beherrschten Naturschützern zu zollen haben, ist doch festzuhalten, daß sie sich, von wenigen Ausnahmen abgesehen, bestenfalls als Autodidakten für die Umwelt einsetzen; kein Gesetz fordert von ihnen eine gründliche Ausbildung, wie sie den Jägern vorgeschrieben ist. Wer immer den Jagdschein erlangen will, muß sich einer strengen, zumindest zwei Tage währenden Prüfung unterziehen, wofür es eines vorbereitenden, halbjährigen Lehrganges mit wöchentlich 6 bis 8 Stunden theoretischem Unterricht und etwa 5 Stunden praktischer Unterweisung im Revier und auf dem Schießstand bedarf.
Bevor der angehende Jäger seine eigentliche Ausbildung im Schießen mit unterschiedlichen Jagdwaffen, wie Büchse, Flinte und Drilling, aber auch mit der Faustfeuerwaffe erfährt, muß er eine Waffensachkundeprüfung ablegen, um eine „Vorläufige Waffenbesitzkarte“ zu erwerben, die ihn berechtigt, möglichst mit eigenen Waffen auf dem Schießstand zu üben. Sicherheit im Umgang mit Waffen, ballistische Daten und Kenntnis der

Wirkung der unterschiedlichsten Kaliber sind bei der abschließenden Prüfung nicht weniger gefordert als der Nachweis zuverlässiger Treffsicherheit.
Umfangreicher noch ist die Ausbildung in Wildkunde. Der Prüfling muß nicht nur die jagdbaren Arten des Haar- und Federwildes mit Namen nennen können, ihm müssen auch ihre Schon-, Jagd-, Trage-, Setz- und Brutzeiten sowie ihre Ansprüche an Umwelt und Ernährung geläufig sein. Zur Wildkunde zählt auch die Kenntnis der unterschiedlichsten Wildkrankheiten und der eventuellen Möglichkeit, ihnen zu begegnen.
Gefordert werden vom Prüfling auch Kenntnisse in der Aufzucht, Haltung, Abrichtung und Führung von Jagdhunden, ohne die ein waidgerechtes Jagen nicht möglich wäre.
Gründlich vertraut machen muß sich der Kandidat auch mit allen das Jagdrecht regelnden und tangierenden Gesetzen. Hierzu zählen das Bundesjagdgesetz unter Berücksichtigung abweichender Länderbestimmungen, die Bundeswildschutzverordnung, das Waffengesetz, die Fleischhygiene-Verordnung, das Waldgesetz, das Tier- und Naturschutzgesetz sowie entsprechende Bestimmungen des Bürgerlichen Gesetzbuches und der Strafgesetzgebung.
Um das Erbe traditionellen Brauchtums zu bewahren, wird von den Kandidaten erwartet, daß sie die weit über zehntausend Begriffe aufweisende Waidmannssprache wenigstens in elementaren Ansätzen beherrschen. Brauchtum und Waidgerechtigkeit sind heute untrennbar miteinander verbunden. Zum Tragen kommen sie nicht nur in äußeren Gepflogenheiten, wie zünftiges Legen einer Strecke, Verblasen erlegten Wildes, Verwendung unterschiedlicher Bruchzeichen am gestreckten Wild oder zur Übermittlung von Nachrichten an Waidgenossen, vielmehr sind sie Ausdruck ethischer Werte, die es über die Befolgung traditioneller Gepflogenheiten und juristischer Bestimmungen hinaus zu bewahren und weiterzuentwickeln gilt.
Im Revier dann erfahren die Prüflinge, was später auf sie als Revierinhaber an unterschiedlichsten Aufgaben zukommt. Da gilt es, Schirme und Hochsitze zu bauen, Pirschsteige und Fütterungen anzulegen und Äsungsflächen und Wildäcker mit jeweils

für den Boden geeignetem Saatgut zu bestellen. Wildschäden müssen beurteilt und geschätzt werden, Schäl- und Verbißschutzmittel dem Prüfling in Anwendung und Wirkung bekannt sein. Nach Fährte und Losung ist das jeweilige Wild gerecht zu bestimmen, an Schnitthaaren und Farbe des Schweißes die Art der Verletzung des nicht am Anschuß gebliebenen Wildes zu erkennen. Das Aufbrechen, Zerwirken und Verwerten erlegten Wildes muß vom Prüfling beherrscht werden. Im Hinblick auf Biotopverbesserungen müssen ihm die wesentlichsten Waldbäume und Sträucher bekannt sein. Die unterschiedlichsten Arten der Jagd, wie Pirsch, Ansitz, Lock-, Drück- und Treibjagden, müssen in Anlage und Ablauf beherrscht werden. Kenntnisse in Fragen des Umweltschutzes, wie der Hege auch nichtjagdbarer Tiere und naturnaher Gestaltung von Biotopen im Sinne angewandten Naturschutzes, müssen nachgewiesen werden. Nur stichwortartig kann hier aufgeführt werden, was von den Jungjägern an Kenntnissen verlangt wird. Ihrer weiteren Ausbildung dienen Seminare mit unterschiedlichsten Themen an den verschiedenen Jägerlehrhöfen der Bundesrepublik.

Unbestreitbar bleibt, daß die Jäger auf Grund der ihnen gesetzlich vorgeschriebenen intensiven Ausbildung einen Fundus an Wissen in der Hege des Wildes und der Erhaltung seiner Lebensgrundlagen mitbringen, wie ihn zwangsläufig zumeist nur laienhaft vorgebildete Naturschützer nicht aufzuweisen vermögen.

Waldbau und Wildhege

„O tempora, o mores! Oh Zeiten, oh Sitten!" möchte man mit dem im letzten Jahrhundert v. Chr. lebenden Philosophen Cicero allein schon in der Betrachtung der wechselvollen Zeitumstände und fragwürdigen Zeitgenossen unseres Jahrhunderts ausrufen. Wer es noch aus eigenem Erleben zu überschauen vermag, gerät noch im nachhinein außer Atem ob der Hektik, mit der die Dinge vorangetrieben wurden. Geduld und Zuversicht sind nicht mehr gefragt. Erfahrung wird als Merkmal stagnierenden Verstandes verworfen. Wissen und Können werden durch anmaßende Kritik von Laien in Frage gestellt, deren Hybris nicht mehr zu überbieten ist. Bescheidenheit, einst die Tugend überragender Geister, wird vom Anspruch überheblicher Dilettanten auf Gleichberechtigung verdrängt.
Bittere Eindrücke eines Forstmanns und Jägers? Ein seit eh und je gültiger Grundsatz im Waldbau lautet, nichts zu verallgemeinern. Was einem Standort zuträglich ist, wirkt sich auf einem anderen negativ aus. Menschen und Methoden versagen, wenn ihnen die Voraussetzungen für ihre Entwicklung fehlen, und leisten Hervorragendes auf dem ihrer Eigenart zusagenden Platz. Also darf nicht alles in Bausch und Bogen verurteilt werden, was auf den ersten Blick hin negativ erscheint? Dennoch – mehr als nur ein Fragezeichen bleibt, wenn wir die derzeitige Gesellschaft in ihrer Auswirkung auf die Umwelt mit jener vor nicht mehr als fünf Jahrzehnten vergleichen.
Damals sahen sich weder die Jäger noch die Forstleute in ihrer Tätigkeit in Frage gestellt. Nach bestem Vermögen und dem Stand damaliger Wissenschaft entsprechend bewirtschafteten sie ihre Reviere, neuen Erkenntnissen durchaus aufgeschlossen und noch nicht irritiert von der Kritik laienhafter Querulanten. Und was sie uns hinterließen, war eine Umwelt unvergleichlich reicher als heute an Pflanzen, Tieren und ungestörten Einständen. Fortgesetzt hatten sie, was Generationen vor ihnen bereits gestalteten, und auch wir hätten ihr Wirken mit gleichem Erfolg

fortsetzen können, hätte es nicht katastrophale Einbrüche in Gesellschaft und Umwelt gegeben, für die nicht wir verantwortlich zu machen sind.

Gewiß wurden von den Jägern und Forstleuten Fehler gemacht. Hier und dort wäre ein stärkerer Abschuß des Schalenwildes dem Waldbau dienlicher gewesen, während ein weniger auf Profit ausgerichteter, naturnäherer Waldbau bessere Lebensbedingungen für das Wild geboten hätte. Doch waren diese Unzulänglichkeiten nicht so gravierend, daß sie nicht früher oder später hätten behoben werden können. Selbst die Auswirkungen der zu Beginn unseres Jahrhunderts noch für notwendig gehaltenen Bekämpfung vermeintlicher Schadtiere, wie Fischotter, Adler, Reiher, Kolkraben, Greife und andere mehr, hätten sich noch vor wenigen Jahrzehnten korrigieren lassen; an entsprechenden Restpopulationen der seinerzeit unter falschen Vorstellungen bejagten Wildarten fehlte es noch nirgends. Den Willen aber, aus früheren Fehleinschätzungen und Fehlentwicklungen zu lernen, lassen wir uns als Jäger und Forstleute nicht bestreiten. Leider aber ist unser Beitrag für das Wohl der uns anvertrauten Umwelt nicht allein entscheidend; ganz abgesehen davon, daß es ohne unser Verschulden für viele Korrekturen längst zu spät geworden ist.

Vor dem letzten Weltkrieg bewirtschaftete ich in Mecklenburg ein etwa tausend Hektar großes, vorwiegend aus Laubholz bestehendes Revier. Wie artenreich es an nutzbaren Baumarten war, bewies der monatlich in das Holzerntebuch aufzunehmende Einschlag von gelegentlich über einem Dutzend verschiedener Holzarten, wie Rot- und Weißbuche, Trauben- und Stieleiche, Esche, Ahorn, Rot- und Weißerle, Wildkirsche, Rüster, Birke und, in geringerer Menge, Kiefer, Fichte und Douglasie. Während meiner achtjährigen Dienstzeit wurde in diesem Revier nicht ein einziger Baum gepflanzt; der Wald verjüngte sich auf natürlichem Wege, und das ohne Gatter bei einem Wildbestand von 4 Stück Rotwild und etwa 15 Stück Rehwild je 100 Hektar. Verbißschäden blieben insbesondere in den Buchen-, Eichen-, Ahorn- und Eschenverjüngungen nicht aus. Doch der Forstamtsleiter, ein hervorragender Waldbauer, der das Revier bereits

über dreißig Jahre verwaltete, blieb im Anblick der Schäden gelassen. Noch immer hatte es sich erwiesen, daß die Verjüngungen, wenn auch auf Kosten mehrjährigen Zuwachses, am Ende hervorragend gediehen. Geduld hieß das Rezept des Amtsleiters, der dem Wild die Daseinsberechtigung nicht absprach. Wobei jedoch nicht übersehen werden darf, daß sich dem Wild hier weithin eine üppige Flora anbot, die mehr oder minder stark vom Verbiß in den Verjüngungen ablenkte.
Wenn heute Gutachter von der Stärke der Verbißschäden auf eine nicht mehr tragbare Schalenwilddichte zu schließen versuchen, ohne die Gründe für die Stärke des Verbisses zu analysieren, laufen sie zwangsläufig Gefahr, allein dem Wild die Verantwortung für die Schäden anzulasten, während doch vielfach die ökologische Verantwortung für die Schäden einer Forstwirtschaft aufzubürden ist, die dem Wild keine Äsungsqualität mehr zu bieten vermag. Solange hier keine einwandfreien, das Umfeld mit einbeziehenden Untersuchungsergebnisse vorliegen, ist es nicht möglich, in der Stärke des Verbisses einen Bioindikator für eine eventuell zu starke Populationsdichte des Schalenwildes zu erblicken.
Profitdenken führte in der Forstwirtschaft vielerorts zu Monokulturen von Fichten, Kiefern und Buchen, von denen die für einen wildfreundlichen, naturnahen Waldbau ausschlaggebenden Lichthölzer, wie Eiche, Birke, Vogelbeere, Elsbeere, Ahorn, Erle und andere, verdrängt wurden. Holzqualität hieß die Devise der Forstwirtschaft, während einer gesamtstrukturellen Vitalität der Bestände weniger Aufmerksamkeit geschenkt wurde. Wald aber muß mehr sein als nur Produktionsstätte für Holz, das es gewinnbringend zu verkaufen gilt. Wasser- und Sauerstoffreservoir ist er für alle Lebewesen, Regulator klimatischer Faktoren, stimulierendes Erlebnis für naturhungrige Menschen. Doch selbst mit der Summe aller seiner Realitäten wäre das Wesen des Waldes noch nicht erfaßt. Immer noch würde es seinem Gehalt am Wesentlichsten fehlen: am Märchen, am Mythos, am Unergründlichen – an der Seele.
Begreift sich die junge Generation der Forstleute noch als Hüter eines solchen Waldes? Und erkennt sie noch, daß unsere Wälder

ohne einen artenreichen Wild- und Pflanzenbestand seelenlose, in nichts mehr an Märchen erinnernde Holzfabriken bleiben würden? Großartiger als einfühlsame, gärtnerische Gestaltung mit dem Ziel eines vitalen, ökosystemgerechten Waldbaus mag es Forsttechnikern erscheinen, in einem zum Industriegelände herabgewürdigten Revier gigantische Maschinen, wie Rücke-, Bringe-, Polter-, Schäl-, Räum- und Vollumbruchgeräte und Wegehobel, einzusetzen. Doch was aus Wäldern wird, in denen nicht mehr die intensiv pflegende Hand des Försters herrscht, erkennen wir an den tausendfältigen Wunden, die ihnen bereits zugefügt wurden. Wenn wir einer Pressemeldung Glauben schenken dürfen, ergaben Untersuchungen in Österreich, daß durch den Einsatz moderner Forstwirtschaftsgeräte mehr Schäden verursacht wurden, als durch Verbiß auf das Konto des Wildes gingen.

Doch auch hier gilt der Grundsatz, nichts zu verallgemeinern. Viele Forstbeamte wissen um die Erfordernisse eines pfleglichen, ökosystemgerechten Waldbaus und möchten ihre Reviere entsprechend bewirtschaften, von einer auf vordergründige Rendite bedachten Verwaltung aber werden sie nur allzu oft daran gehindert. Der rigorose Personalabbau in etlichen Landesforstverwaltungen in einer Zeit schwerster Umweltbelastungen der Wälder kennzeichnet die mangelnde Kompetenz von Politikern, die über die Vergabe der für einen pfleglichen Waldbau erforderlichen Mittel zu entscheiden haben.

Bereits vor mehr als 170 Jahren schrieb Ernst Moritz Arndt in einem „Wort über die Pflegung und Erhaltung der Forsten und Bauern im Sinne einer höheren, das heißt menschlicheren Gesetzgebung“: „Mit den Herren will ich zu Gericht gehen, die bei der Verwandlung der Wälder in Fabriken sich hinter dem leidigen Wort Einträglichkeit verstecken, ohne eine Zuträglichkeit anzuerkennen, die dem Staate mehr sein sollte als alle Einträglichkeit.“

Noch immer hat dieser Vorwurf seine Gültigkeit nicht verloren. Vordergründiges Profitdenken der Verwaltung droht aus Förstern Techniker werden zu lassen, denen das Wunder Wald sich bald gänzlich zu verschließen droht. Laßt uns umkehren, bevor es zu spät ist! Laßt den Förster wieder seinen Wald pflegen, so wie es einst seine Väter in liebevoller Hingabe getan haben! „Auf diese Weise“, so Ernst Moritz Arndt auf seine Zeit bezogen, „wäre gesorgt für die Erde, für die Fruchtbarkeit und Schönheit des Landes, für den Leib und den Geist der Menschen. Man wird auch hiervon sagen, wie denn die Faulheit und Sorglosigkeit auch gegen die unabweislichen Wahrheiten so schreit: Hirngespinste! Unausführbare Vorschläge! Doch was durchaus gethan werden muß, kann auch gethan werden, eben weil es gethan werden muß.“ Bis auf den Vorwurf der Faulheit dürfte auch dieses Wort seinen Wert noch nicht verloren haben.

Wir verkennen nicht, daß einsichtige Forstwirtschaftsbetriebe sich bemühen, pfleglich in die Bestände einzugreifen, das Rükken des Holzes wieder mit Pferden zu praktizieren, ökosystemgerechte Holzarten anzubauen und der Vitalität der Bestände den Vorzug vor gewinnträchtigen Monokulturen zu geben. Doch wird es eines langen Zeitraumes bedürfen, auf breiter Basis naturnahe Wälder zu begründen. Als Voraussetzung dafür wird es den Jägern und den jagenden Forstbeamten obliegen, Überpopulationen an Schalenwild abzubauen. Außerhalb jeder Diskussion aber muß es bleiben, dem Schalenwild als Teil des Ökogefüges den ihm angemessenen, grundsätzlich unbestreitbaren Platz verweigern zu wollen. Gewiß wird sich das Wild auch in naturnahen Wäldern noch an Forstpflanzen vergreifen – Rot- und Rehwild sind nun einmal Pflanzenfresser –, doch je natürlicher sich die Wälder durch eine artenreiche Flora, insbesondere an forstlich nicht genutzten Pflanzen, darstellen werden, desto geringer werden auch die Schäl- und Verbißschäden sein.

Leider lassen sich einzelne Forstverwaltungsbeamte im Anblick örtlich nicht mehr vertretbaren Wildschadens zu Reaktionen hinreißen, die weder mit dem Gebot der Waidgerechtigkeit noch mit dem Bundesjagdgesetz vereinbar sind und nur den Jagdgegnern in die Hände arbeiten. Kürzlich hielt ein Forstdirektor anläßlich der Hauptversammlung eines Landesverbandes des Bundes Deutscher Forstmänner einen Vortrag mit dem Thema „Naturnahe Waldbewirtschaftung – Wunsch und Wirklichkeit“. „Wir müßten“, so führte er aus, „zunächst ökologisch-logisch die geltenden Jagdgesetze auf ihre Möglichkeiten hin abklopfen und beispielsweise erkennen, daß wir sofort in allen Staatswäldern die Rehwildfütterung einstellen, Rotwild nur in Wintergattern füttern und es dort auch regulieren könnten, Schonzeiten verkürzen und unter Abwehr vom sittenverderbenden, pubertären Trophäenkult effektiver jagen könnten, ohne den Gesetzgeber zu bemühen."

Die Forderung, die Rehwildfütterung in allen Staatsrevieren einzustellen, verstößt eindeutig gegen das Bundesjagdgesetz, dessen § 23 „den Schutz des Wildes insbesondere vor Futternot" vorschreibt. Das Rotwild in Wintergattern zu füttern und zu bejagen, würde bedeuten, es seiner natürlichen Freiheit zu berauben (Domestikationseffekt) und unter Bedingungen zu reduzieren, die alles andere als waidmännisch wären. Die Schonzeiten zu verkürzen, hieße, das Wild einem noch stärkeren Jagddruck auszusetzen, als es bislang schon der Fall ist; im übrigen bleiben auch für wildfeindliche Forstleute gottlob noch die Schonzeiten, auch unter Berücksichtigung der Länderbestimmungen, bindend. Und was soll das böse Wort vom „sittenverderbenden, pubertären Trophäenkult"? Aus Begriffen unter Verfälschung ihrer ursprünglichen Bedeutung zusammengefaßt, wird es auch als Schlagwort zur Diffamierung Andersdenkender nicht sinnvoller.

Von Jagdgegnern als Vorwurf erhoben, verfehlt das Schlagwort vom Trophäenkult dennoch nicht seine Wirkung insofern, als manche Jäger sich genötigt glauben, überhaupt darauf zu reagieren. Selbst innerhalb der Jägerschaft fühlt man sich bemüßigt, dieser unsinnigen Kritik mit der Umbenennung der Trophäenschauen in Hegeschauen begegnen zu müssen. Dabei wissen wir als Jäger genau, daß Trophäen als Indikator unserer Hegebemühungen und als persönliche Erinnerungsstücke, die mit dem Tod des Erlegers ihren Wert verlieren, alles andere als Kultgegenstände sind. Trophäen sind für den Erleger nichts anderes als Bilder, die ihn an eindrucksvolle Stunden erinnern und bis an sein Lebensende begleiten sollen.

Besonders verwerflich erscheint den Jagdgegnern unsere Freude an starken Trophäen. Als ob nicht jeder Mensch nach Höhepunkten in seinem Leben strebt. Die Goldmedaille ist dem Sportler nun einmal mehr wert als eine bronzene oder gar ein fünfter oder zehnter Rang im Wettbewerb um die begehrte Trophäe. Und wem das Leben die Voraussetzung dafür bietet, einen Mercedes zu fahren, wird sich wohl kaum mit einer geringeren Marke begnügen. Wie billig ist es doch, mit Rekordsucht umschreiben zu wollen, was doch nur Freude an der Steigerung des Lebensgefühls ist. Jäger sind auch nur Menschen, und ungerecht wäre es, sie mit anderen Maßstäben messen zu wollen. Wie die Freude am Jagen lassen wir uns auch nicht die Freude an einer besonderen Trophäe nehmen. Wesentlicher aber als das Gewicht einer Trophäe wird uns stets die Tiefe der Empfindungen bleiben, die sie in uns ausgelöst hat. Das aber besagt auch, daß wir es ablehnen, durch Doping, sprich übermäßige Fütterung des Schalenwildes, in den Genuß starker Trophäen zu gelangen.

Es droht uns die Sprache zu verschlagen, wenn wir den weiteren Ausführungen des vorstehend erwähnten Forstdirektors folgen. „Sollte dies“ – gemeint ist das Abklopfen der Jagdgesetze auf die Möglichkeit, Rehwildfütterungen einzustellen, das Rotwild nur noch in Wintergattern zu füttern, es dort auch zu bejagen und die Schonzeiten zu verkürzen – „nicht weiterhelfen, dann müßten wir versuchen, die Parlamente zu überzeugen, daß einschneidende Maßnahmen, wie ein generelles Fütterungsverbot, die Fallenjagd auf Schalenwild oder der rauhe Schuß auf Rehe, der heute schon nicht nur von Förstern unüberhörbar gefordert wird, unumgänglich sind, um die Wälder zu retten.“ Damit wären wir dann wieder im tiefsten Mittelalter gelandet, von waidgerechter Bejagung des Wildes könnte nicht mehr gesprochen werden und nichts würde uns mehr von den Jägern einer Zeit unterscheiden, die kein Erbarmen mit Gottes Geschöpfen kannte. Rotwild in Fallen zu fangen und Rehwild mit Schrot zu schießen, ist nun wirklich das letzte, was wir von einem Forstmann unserer Zeit erwarten konnten. Wir können uns auch nicht vorstellen, daß ihm in seiner Forderung nach dem „rauhen Schuß auf Rehe“ eine auch nur nennenswerte Zahl von Förstern und Jägern zustimmt.

Wo Landwirte und Jäger einander verständnisvolle Ansprechpartner sind, kommt es dem Wild zugute.

Das ausgemähte Gelege einer Weihe wurde mit Erfolg gerettet.

Gegen Wildverbiß mit einer wirkungsvollen Paste behandelter Terminaltrieb einer Douglasie.

Vom Rotwild geschälte achtjährige Kiefer.

Der Referent glaubt, daß gegebenenfalls die vorstehend genannten Forderungen an die Parlamente gestellt werden müßten, um vielleicht seitens des Rechnungshofes, der Politiker und der Presse zu erwartende „unbequeme Überlegungen“ verhindern zu können, wie:
„Warum muß ausgerechnet und nur der deutsche Förster zugleich auch Jäger sein?“ – „Würde man alle Staatsjagden verpachten, würde man nicht nur mehr einnehmen, sondern doch auch den Förster zwingen, sich ausschließlich um seinen Wald zu kümmern, wofür er dann auch mehr Zeit hätte.“ – „Würden Forstverwaltungen, erst einmal der Verantwortung um die Jagd ledig und damit der ewigen Sorge, wie man die verheerenden Wildschäden schamhaft vor der Öffentlichkeit verbergen kann, dann nicht eindeutiger für ihren Wald und gegen die Jagd Partei ergreifen?“ – „Würden sich die Förster dann womöglich zwangsläufig aus der historischen Bindung an eine wälderschädigende Jägerorganisation lösen?“
Die vom Referenten an die Wand gemalten „Überlegungen“ wurden von ihm nicht im internen Kreis angestellt, sie wurden von ihm auf einer öffentlichen Versammlung aufgezeichnet und fanden inzwischen ihre Verbreitung in der forstlichen Fachpresse. Damit hat der Referent Wasser auf die Mühlen der Jagdgegner geleitet und ihnen höchst willkommene Munition gegen Jagd und Jäger geliefert. Daran ändert auch kaum etwas der diesen Überlegungen nachgesetzte Passus: „Noch ist es nicht soweit. Noch haben wir die Chance, durch mehr Wissen um Wald, Wild und Jagd, durch professionelleres Handeln bei besserem jagdhandwerklichen Können – und durch mehr Jagen – den Ruf zu erhärten, den wir noch in weiten Bevölkerungsschichten haben, Forstleute für Wald und Wild zugleich zu sein.“
Wir vermissen hier eine deutliche Distanzierung von den Visionen, die er heraufbeschworen hat, und gewinnen dadurch den Eindruck, daß er sich zum Teil selbst mit ihnen identifiziert. Zu diesem Verdacht fühlen wir uns unter anderem durch eine gleichfalls von der Presse verbreitete Äußerung von ihm über ein Jagdbuch eines niedersächischen Forstamtsleiters berechtigt, das

er mit der übelwollenden Bemerkung kritisiert: „Unglaublich, mit welcher Selbstverständlichkeit hier intime Einblicke in einen dekadent-neofeudalistischen Jagdkult byzantinischer Ausmaße und die fatale Beteiligung führender Staatsforstbeamter dargeboten werden!“ Es soll hier keine Wertung des vor wenigen Jahren erschienen Buches vorgenommen werden, die böse Kritik des Referenten aber läßt in ihrer Aggressivität auf einen Mann schließen, der es auch in Fragen der Wild- und Waldbewirtschaftung an Objektivität und Ausgewogenheit fehlen läßt.

Immerhin gibt er den Anstoß, uns mit den von ihm projizierten „Überlegungen“ auseinanderzusetzen. Seit Jahrhunderten sind die Förster in den von ihnen betreuten Revieren zugleich Jäger und Waldbauer. Aus dem Jagdpersonal fürstlicher Jagdherren hervorgegangen, erwarben sie sich nicht nur einen Fundus an Erfahrung, sie bewährten sich auch als Träger eines in der Blütezeit mittelalterlicher Jagdkultur geschichtsträchtig gewordenen Brauchtums, das sie an uns, der Zeit entsprechend kultiviert, weitergegeben haben. Wald und Wild wurden für sie eine Einheit, die trotz ihrer augenscheinlichen, vor allem von Jagdgegnern behaupteten Widersprüchlichkeit auch dann noch Realität zu bleiben hat, wenn es zugunsten des einen oder anderen Faktors in das natürliche Gefüge einzugreifen gilt. In der Praxis vermag das niemand besser als der zugleich für den Waldbau und für das Wild verantwortliche Förster. Täglich im Revier, vermag er am besten zu beurteilen, wie, wo und wann in den Wildbestand einzugreifen ist und welche waldbaulichen Maßnahmen am effektivsten die Lebensqualität des Wildes zu steigern vermögen. Wo immer Jagd und Waldbau in verschiedenen Händen sind, stoßen gegensätzliche, nicht immer rücksichtsvoll vertretene Interessen aufeinander. Ein Bauer, der nicht zugleich für den Fruchtanbau und für die Viehhaltung verantwortlich ist, wird sich seines Hofes auf die Dauer nicht erfreuen können.

Das schließt nicht aus, Staatsforsten in angemessenem Umfang zu verpachten, um revierlosen Jägern Jagdmöglichkeiten zu bieten. Die Jagdhoheit aber, und damit die unmittelbare Verantwortung für die Bejagung des Wildes unter Berücksichtigung

waldbaulicher Belange, muß stets bei der jeweiligen Verwaltung bleiben. Dabei muß jedoch berücksichtigt werden, daß die Förster bis auf wenige Ausnahmen selbst passionierte Jäger sind. Zumeist finanziell wenig begütert, sehen sie im Forstberuf die einzige Möglichkeit, die Jagd ausüben zu können, und unvertretbar erscheint es uns, ihnen diese Möglichkeit zu nehmen, nur um sie finanziell besser gestellten Personen bieten zu können. Es darf auch nicht übersehen werden, daß die Forstbeamten zumeist Hilfsbeamte der Staatsanwaltschaft sind, die als solche polizeiliche Befugnisse besitzen und somit wesentlich wirkungsvoller als private Jäger den Jagdschutz auszuüben vermögen. Außerdem läßt sie ihre Jagdpassion weit über den üblichen Achtstundentag hinaus im Revier verweilen, was wiederum dem Forstschutz und dem Waldbau insofern zugute kommt, als sie während der Jagdausübung auf manche Probleme stoßen, die nicht unmittelbar mit den gerade anstehenden Forstwirtschaftsplänen im Zusammenhang stehen, unvermittelt aber einer dringenden Lösung bedürfen.
Im übrigen liegt in der Überlegung, man könnte durch die Verpachtung aller Staatsjagden die Förster zwingen, sich mehr um den Wald zu kümmern, ein unangebrachter Vorwurf, den sie in Anbetracht der von ihnen allwöchentlich erbrachten Arbeitszeit von fünfzig oder gar sechzig Stunden gewiß nicht verdient haben. An keine feste Dienstzeit gebunden, haben sie sich selbst an Sonn- und Feiertagen zur Verfügung zu halten, wenn es darum geht, ihren vom Publikum stark frequentierten Wald vor Bränden und Ordnungswidrigkeiten zu bewahren. Da sollte man wirklich nicht auf zusätzliche Einnahmen aus Jagdverpachtungen bestehen, vielmehr den Förstern, die in der Abgeschiedenheit ihrer Dienstbezirke auf viele Annehmlichkeiten verzichten müssen, die Freude an der Jagd gönnen.
Dann ist da noch die vom Referenten aufgeworfene Frage, ob sich die Förster, wenn ihnen jede Jagdmöglichkeit genommen würde, „womöglich zwangsläufig aus der historischen Bindung an eine wälderschädigende Jägerorganisation lösen“ würden. Meines Wissens wird hier erstmals der Deutsche Jagdschutz-Verband – denn eine andere nennenswerte Jägerorganisation

gibt es nicht – mit dem Odium einer „wälderschädigenden" Institution belastet. Impertinenter und fragwürdiger geht es nun wirklich nicht mehr. Statt Verbindendes zu suchen und der Partnerschaft zwischen Forstleuten und Jägern das Wort zu reden, äußerte der Referent in seinem Vortrag: „Wir Forstleute stehen vor der grundlegenden Entscheidung, ob wir uns mit den umweltschützenden und walderhaltenden Gruppierungen der Gesellschaft für unser Berufsobjekt einsetzen oder ob wir in die historische Mesalliance mit einer ewig gestrigen Jägerorganisation eingebunden weiterhin Kompromisse schließen, die doch stets zu Lasten des Waldes gehen. Diese Entscheidung verlangt uns viel ab, ist doch die heutige Jagd- und Hege-Ideologie, unter deren Folgen der Wald leidet, im Kern die Försterideologie des vorigen Jahrhunderts."

Zugunsten des Referenten wollen wir annehmen, daß er den Begriff „Mesalliance" nicht in seinem eigentlichen Sinn als „Ehe zwischen unebenbürtigen Personen" verstanden wissen will. Wäre das der Fall – doch lassen wir das. Immerhin aber spricht er einer längst überholten Differenzierung zwischen grünen und grauen Jägern das Wort, statt bemüht zu sein, beider Interessen auf einen Nenner zu bringen: die Notwendigkeit der Begründung naturnaher Wälder als Heimstatt eines angemessenen, artenreichen Wildbestandes. Wobei unstreitig in der Vergangenheit von beiden Seiten Fehler gemacht wurden. Wie sachlich, ausgewogen und weitblickend sind hingegen die Aussagen des Professors Dr. Dr. Paul Müller, Saarbrücken, Direktor des Instituts für Biogeographie der Universität des Saarlandes, aus dessen Beitrag „Ökosystemgerechte Jagd" (Sonderteil der Allgemeinen Forst-Zeitschrift, 2.7.88, BLV-Verlag, München) wir hier einige Passagen zitieren möchten:

„In vielen Gebieten leidet Forstwirtschaft, leiden aber auch Ökosysteme unter unseren Schalenwildarten. Die Schuld liegt dabei nicht immer in zu hohen Schalenwilddichten, sondern auch in der Art der forstwirtschaftlichen Nutzung. Sorgfältig beobachtende Forstleute haben diese ‚Rückwirkungseffekte' bereits erkannt. Die traditionelle Forstwirtschaft ist in vielen Gebieten Mitteleuropas nicht (wie so häufig dagestellt) das naturnächste Ökosystem. Wenn gezeigt werden kann, daß eine sich als ‚ökologisch verkaufende Forstwirtschaft' mehr Waldschaden verursacht als Rennsport-Veranstaltungen, dann ist es an der Zeit ernsthaft zu diskutieren." – „Wer wirklich naturnahen Waldbau betreiben will, muß sich freimachen von ideologischen Tendenzen, eingeschränktem Denken und sich vor der Ungeduld und Intoleranz hüten. Er sollte Verständnis für die sich aus der Waldgeschichte und dem jeweiligen Zeitgeist ergebenden Zwänge haben, den weiten Rahmen naturnahen Handelns nicht einengen, in langen Zeiträumen denken können und keinen ökosystemzerstörenden Zwang ausüben wollen." (Wagner 1987) – „Als naturschützender Jäger muß man die Ziele der naturnahen Waldbewirtschaftung unterstützen, solange sie rational betrieben werden und nicht zum Sektierertum degradieren." – „Der Verbiß unserer Schalenwildarten hängt nicht nur von der Populationsdichte, sondern insbesondere auch von der Diversität der Pflanzenbestände ab. Genau diese wurde aber auch von der Forstwirtschaft entscheidend negativ verändert. Diese Aussagen entlassen die Jäger nicht aus ihrer Verantwortung. Würden sich alle Jäger konsequent z. B. an die Richtlinien für die Schalenwildbewirtschaftung im Saarland vom April 1985 halten, dann dürfte es nicht zu Rehwilddichten kommen, die in keinem Verhältnis zu den Umweltverhältnissen stehen, dann müßte ein natürliches Geschlechterverhältnis von 1 : 1 bestehen und nicht, wie an vielen Stellen, ein Geißenüberschuß und dann müßte ein ausgewogener Altersaufbau beim weiblichen und männlichen Rehwild gegeben sein. Hier liegen die eigentlichen Sünden einzelner Revierinhaber. Die drei Hauptursachen des Wildschadenproblems liegen für uns in der Zerstörung, Zersplitterung und/oder ‚Instandsetzung' des Lebensraumes, den vorhandenen wildschadensanfälligen Wäldern durch nicht wildgerechte Waldwirtschaft und den lokal überhöhten Schalenwilddichten durch nicht ökosystemgerechte Wildbewirtschaftung." – „Wenn Schalenwildbestände auf ein forstökologisch tragbares Maß reduziert werden sollen, dann muß sich auch der Forst selbst an ökologischen Prinzipien messen lassen."

Ich denke, diesen Ausführungen ist nichts mehr hinzuzufügen.

Öffentlichkeitsarbeit

Keinem Thema wird heute in der Jagdpresse mehr Platz eingeräumt als dem der Öffentlichkeitsarbeit. Nie zuvor sahen sich Jagd und Jäger einer so massiven Kritik ausgesetzt wie in unserer Zeit.

Einer der Gründe dafür liegt in einer empfindlicher gewordenen, durchaus verständlichen und sogar begrüßenswerten Reaktion der Gesellschaft auf tatsächliche oder auch nur vermeintliche Verstöße gegen das Tierschutzgesetz. Wobei manchem Kritiker jedoch der Vorwurf, vereinzelte Auswüchse zu verallgemeinern, nicht erspart werden kann. Andere Beweggründe für eine negative Kritik entspringen einer aus Unkenntnis der Materie oder gar aus ideologischer Verklemmung erwachsenen Voreingenommenheit gegen die Jagd und die Jäger.

Grundsätzlich unentbehrlich für die Entwicklung der Gesellschaft ist der kritische Geist, der im Gegensatz zum Autoritätsglauben nur das als wahr und zuträglich annimmt, was unter dem Aspekt der Ordnung, der Harmonie, der Moral und der Sittlichkeit allseitiger Prüfung standhält – und der den Kritiker selbst zwingt, die eigenen Ideen und Vorstellungen immer aufs neue zu sichten. In diesem Zusammenhang muß es uns erlaubt sein, unsere Kritiker an Kant als den Vater des Kritizismus und an seinen Grundsatz zu erinnern, daß keine über die Erfahrung hinausgehende Behauptung aufgestellt werden darf, ohne den Nachweis zu erbringen, wie ein solches Wissen zu beweisen möglich sein soll. Wer immer sich darauf beschränkt, nur Mangelhaftes und Verwerfliches hervorzuheben, und nur die eigene Ansicht um jeden Preis zur Geltung zu bringen versucht, betreibt eine negative, tendenziöse Kritik, die zwangsläufig anfechtbar ist und zur Antikritik herausfordert. Auf die an uns geübte, vielfach überzogene Kritik angewandt, bedeutet das nicht mehr und nicht weniger, als daß wir nicht nur abwehrend, sondern auch offensiv den gegen uns gerichteten Angriffen zu begegnen haben.

Über dreißig Jahre habe ich mich als Jäger und Forstmann durch die Publikation von weit über dreihundert Beiträgen in der Regionalzeitung meines Heimatkreises der Öffentlichkeitsarbeit gewidmet. Es dauerte einige Zeit, bis ich erkannte, wie stark die Bevölkerung insbesondere auf kontrovers zwischen mir und der Jagd skeptisch oder gar feindlich gegenüberstehenden Naturschützern ausgetragene Themen reagierte. Die Leser nahmen, wie mir viele Zuschriften bewiesen, derartige Auseinandersetzungen mit ungleich größerem Interesse auf als von fruchtloser Urteilslosigkeit getragene Beiträge. Es mag vornehmer sein und für vermeintliche Objektivität sprechen, sich jeden Werturteils und jeden Angriffs zu enthalten, solange wir aber, oft wider besseres Wissen, übler Machenschaften und engstirniger Unwissenheit beschuldigt werden, haben wir, wenn auch nicht im gleichen Stil, so doch mit gebotener Schärfe zu reagieren und auch zu agieren. Seit eh und je hat die Öffentlichkeit eine eindeutige, feste und, wenn es sein muß, selbst zornige Sprache mehr respektiert als mimosenhaft um Verständnis oder gar Verzeihung bittendes Geschwafel. Daß ich dabei manchen Hieb hinnehmen mußte, konnte nicht ausbleiben; am Ende aber zumeist über die besseren Argumente verfügend, fand ich doch in vielen Fragen Zustimmung und Verständnis für unsere Belange als Jäger. Ungerecht aber wäre es, hier nicht einzuräumen, daß ich gerade durch die kontrovers ausgetragenen Themen in manchen Fragen des Naturschutzes selbst eine Bereicherung meines Wissens erfuhr.

So sehr in der Öffentlichkeit ausgetragene Differenzen auch zur Klärung dieser oder jener Frage beitragen und allgemein unterrichtend wirken können, dürfen wir doch nicht aus dem Auge verlieren, daß uns mit allen Tier- und Naturschutzverbänden das gemeinsame Ziel verbindet, der Umwelt zu dienen. Wichtiger und auf die Dauer produktiver ist es daher, engstirnige Voreingenommenheit oder gar Feindbilder abzubauen, einander besser verstehen zu lernen und in gemeinsamen Bestrebungen zu ergänzen.

Wir müssen aufeinander zugehen, möglichst selbst den Naturschutzverbänden als Mitglied beitreten, um an deren Diskussio-

nen oder Planungen mitwirken zu können. Ebenso ist es erforderlich, Mitglieder und Funktionäre von Tier- und Naturschutzverbänden zu unseren Veranstaltungen und in unsere Reviere einzuladen, um ihnen aufzuzeigen, wie sehr wir bemüht sind, die freilebende Tierwelt in ihrem Artenreichtum zu erhalten, ihre Lebensgrundlagen zu sichern und den Zielen des Naturschutzes und der Landschaftspflege zu dienen.
Nur durch vertrauensvolle Zusammenarbeit können wir die Naturschützer davon überzeugen:

- daß die Jagd durch Verhinderung von Wildschäden den Belangen ordnungsgemäß betriebener Land-, Forst- und Fischereiwirtschaft dient,
- daß überhöhte Wildbestände ebenso zu regulieren sind wie manche Beutegreifer, die andere Arten in ihrem Bestand bedrohen,
- daß die nachhaltige Nutzung der Wildbestände unter Berücksichtigung der Sozialstruktur der einzelnen Wildart wie der Wildarten untereinander nicht nur erforderlich, sondern auch für die Allgemeinheit nutzbringend ist
- und die Jäger eine ihrer wesentlichsten Aufgaben darin sehen, daß die zum Schutz des Wildes, der Jagd und der Umwelt erlassenen Vorschriften eingehalten werden.

Dabei dürfen wir uns nicht scheuen, in der Öffentlichkeit auch Themen anzusprechen, von denen wir wissen, daß sie auf Skepsis oder gar Ablehnung stoßen.
In den Städten dem harten Gesetz des den Tod bedingenden Lebens entfremdet, reagieren heute viele Menschen allergisch auf die Unerläßlichkeit zu töten, um Leben zu bewahren. Hier gilt es aufzuklären und an Beispielen aufzuzeigen, daß das „Herz für Tiere“ nicht der Vernunft entgegenstehen darf, wenn es darum geht, in bereits defekte Lebensgemeinschaften einzugreifen, um sie weitgehend in ihrem Artenreichtum zu erhalten. Die Natur kennt als Voraussetzung dafür nur den erbarmungslosen Existenzkampf der Arten untereinander. Wo sie sich selbst nicht mehr regulierend helfen kann, hat sich der Mensch vernunftbegabt, gewissenhaft und behutsam einzuschalten.

Wir können, um nur ein Beispiel anzuführen, als Jäger nicht tatenlos zuschauen, wenn durch langjährigen Schutz regional überhöhte Bestände an Beutegreifern, wie Kolkraben, Habichte, Bussarde, Elstern, Rabenkrähen und Eichelhäher, aber auch wildernde Katzen, jegliche Hege bereits selten gewordener Tierarten, wie Auerwild, Birkwild, Rebhühner und etliche Singvogelarten, illusorisch machen. Wobei zu betonen ist, daß auch wir in den Beutegreifern grundsätzlich daseinsberechtigte Geschöpfe erblicken.
Im übrigen müssen wir noch stärker als bisher herausstellen, daß „das Wild stirbt, ob gejagt wird oder nicht". Das mag auf den ersten Blick hin banal, wenn nicht gar zynisch klingen, die Natur aber greift von sich aus in die Wildbestände ein, und das weniger durch Alterstod als vielmehr durch Selektion des Jungwildes. Namhafte Forscher, von denen hier besonders Dr. Heribert Kalchreuter zu nennen ist, haben festgestellt, daß auf das Konto des planmäßig nutzenden Jägers in der Regel nur 10 bis 20 Prozent des Wildbestandes gehen, dieser Anteil aber nicht die Gesamtsterblichkeit erhöht, sondern andere Sterblichkeitsfaktoren kompensiert, die sich dann entsprechend weniger stark auswirken. Kalchreuter spricht in diesem Zusammenhang von der „kompensatorischen Sterblichkeit" des jagdlichen Eingriffs. „Der Grund hierfür ist die Tatsache, daß Hunger, Kälte, Nässe oder Trockenheit, Krankheiten und Raubwild um so stärker ihren Tribut fordern, je mehr Wildtiere sich in einem Lebensraum tummeln, der immer nur ein begrenztes Angebot an Nahrung und Deckung gegen Witterungseinflüsse und Räuber hat. Wird ihre Zahl durch die Jagd reduziert, so haben die Überlebenden bessere Chancen durchzukommen. Es sind sogar Fälle bekannt, wo man fast die gesamte natürliche Sterblichkeit durch die Jagd kompensieren konnte, ohne daß dies den Bestand, auch auf längere Sicht, beeinflußte. Genauere Untersuchungen bestätigen: Die Verminderung einer Wildtierpopulation und zwar sowohl bei selteneren als auch bei häufigen Arten ist, dort wo es nicht erwünscht, wie dort wo es erwünscht wird, nur dann wahrscheinlich, wenn der Abschuß der Höhe nach in die Nähe der natürlichen Sterblichkeitsrate kommt oder diese

übertrifft. So kann man im allgemeinen davon ausgehen, daß die normale Sterblichkeit konstant bleibt, ob nun gejagt wird oder nicht, und daß deshalb auch – leider – durch eine Verringerung des Jagddrucks oder durch Jagdverbot eine Bestandserhöhung nicht eintritt." Die Untersuchungsergebnisse beantworten uns auch die Frage, warum Schalenwildbestände in ihrer zahlenmäßigen Stärke trotz Jahr für Jahr steigender Strecken nicht geringer werden: Solange der Abschuß der Höhe nach nicht die natürliche Sterblichkeitsrate übertrifft, wird er allenfalls nur die natürliche Sterblichkeit durch die jagdliche ersetzen können.

Zur Hege, so schreiben es Gesetz und Gewissen vor, gehört die Fütterung des Wildes in Notzeiten. Die des öfteren erhobene Forderung, Notzeiten als natürliche Selektionsprozesse zu betrachten und auf jegliche Fütterung zu verzichten, muß von uns in einer Zeit, in der es vielerorts aus verfehlter Waldbewirtschaftung, aus witterungs- oder katastrophenbedingten Gründen an ausreichender Äsung fehlt, mit aller Entschiedenheit abgelehnt werden. Ebenso deutlich aber haben wir uns in der Öffentlichkeit von Revierinhabern zu distanzieren, die ohne Rücksicht auf forst- und landwirtschaftliche Belange durch übertriebene, jahreszeitlich unangebrachte Fütterungen ihren Wildbestand über ein dem Biotop angepaßtes Maß hinaus zu erhöhen und starke Trophäenträger heranzuzüchten versuchen.

Ein neuralgisches Thema ist auch die Frage nach der Berechtigung der Fallenjagd, der aus vergangener Zeit noch das Odium tückischer, vermeintlich grausamer Machenschaft anhängt. Solange sie noch, bis zum Erlaß des Reichsjagdgesetzes 1934, mit Tellereisen oder anderen fragwürdigen Fangvorrichtungen betrieben wurde, war ein solcher Vorwurf gewiß berechtigt. Heute läßt das Gesetz nur Fangvorrichtungen zu, die sofort töten oder das Wild unversehrt fangen. Daß die Fallen täglich wenigstens einmal zu kontrollieren sind, ist für den verantwortungsbewußten Jäger etwas Selbstverständliches. Die Fallenjagd ist dort zu vertreten, wo nachtaktives, mit der Waffe allein nicht in Grenzen zu haltendes Raubwild, wie Enok, Waschbär, Marder, Iltis und Wiesel, beträchtliche Schäden unter dem Nieder-

wild anrichtet und dessen Hege anders nicht zu gewährleisten ist. In reinen Hochwildrevieren kann man im allgemeinen auf die Fallenjagd verzichten. Hier bereitet das Ausneuen eines Marders, seine Verfolgung mit der Waffe bei Schnee, wenn auch keine großen Erfolge, so doch stets mehr jagdliche Freude als die von Nichtjägern immer noch als problematisch betrachtete Fallenjagd. Dem Ansehen der Fallenjagd würde es gewiß dienen, wenn sich die Jäger im Rahmen der vielfach von den Landesjagdverbänden angebotenen Lehrgänge im Fallenbau und Fallenfang einer Sachkundeprüfung mit entsprechendem Zertifikat unterziehen müßten, bevor sie sich dieser verantwortungsvollen, reiche Erfahrung voraussetzenden Jagdart widmen. Im übrigen müssen wir der Öffentlichkeit deutlich machen, daß moderne Fangvorrichtungen durchaus eine Selektion der zu fangenden Tiere zulassen; ermöglicht wird das durch unversehrt fangende Kastenfallen und Fangbunker sowie durch die Wahl entsprechender Köder. Sollte sich einmal ein regional bereits selten gewordenes Raubwild, zum Beispiel ein Iltis, gefangen haben, kann man ihm die Freiheit wiedergeben.
Zum Widerspruch fordern in der Öffentlichkeit gelegentlich auch Gesellschaftsjagden heraus, zumal wenn sie mit einem unverhältnismäßigen Aufgebot an Jägern und Treibern betrieben werden, am Ende zwanzig Schützen einer Strecke von drei Hasen gegenüberstehen oder es nach Hochwildjagden noch vielfacher Nachsuchen angebleiter Stücke bedarf. Auch hier gilt es Öffentlichkeitsarbeit zu betreiben, und das sowohl intern als auch nach außen hin.
Von den Revierinhabern als Jagdleiter müssen wir erwarten können, daß sie alles daran setzen, es nicht zu derartigen, die Öffentlichkeit provozierenden Auswüchsen kommen zu lassen. Treibjagden auf Niederwild sind nur dort zu vertreten und möglichst nur einmal im Jahr anzuberaumen, wo es der Bestand an Hasen, Kaninchen und Fasanen erlaubt. An Hochwildjagden, wie überhaupt an Gesellschaftsjagden, dürfen nur Jäger teilnehmen, die dem Tierschutzgesetz entsprechend als Voraussetzung für das „Töten von Wirbeltieren“ die dafür „notwendigen Kenntnisse und Fähigkeiten“ mitbringen.

Wer als Revierinhaber und Jagdherr oder als Forstbeamter in seiner Eigenschaft als Jagdleiter aus gesellschaftlichen Gründen Gäste einlädt, die nicht die Gewähr für ein gerechtes Ansprechen des Wildes und für eine sichere Kugel bieten, verstößt nicht weniger gegen das Gesetz der Waidgerechtigkeit als die den entsprechenden Anforderungen nicht gewachsenen Gäste. Gewiß bedarf es zum Beispiel für Forstbeamte beträchtlicher Zivilcourage, eventuell höhergestellten Persönlichkeiten die Teilnahme an Gesellschaftsjagden zu verweigern, unser Wild aber darf in keinem Fall dilettantischen Gästen als Zielscheibe dienen. Wir wollen uns hier keineswegs als jagdliche Päpste aufspielen. Wir wissen, daß dem besten Schützen ein schlechter Schuß unterlaufen kann. Leider aber begegnen uns auf den Jagden des öfteren Gäste, die als unzuverlässige Schützen bekannt sind und aus Prestigegründen dennoch immer wieder eingeladen werden.
Unsere Öffentlichkeitsarbeit darf sich jedoch nicht darauf beschränken, Angriffe abzuwehren, uns übertragene Aufgaben zu erläutern und die Notwendigkeit der Jagdausübung zu verteidigen. Im Hinblick auf eine immer stärkere Beunruhigung der Reviere und die mit ihr einhergehende Umweltzerstörung haben wir darüber hinaus der Öffentlichkeit, den Politikern und den Naturschutzverbänden, klare Forderungen zu unterbreiten. Wobei eindeutig zum Ausdruck kommen muß, daß diese Forderungen ausschließlich im Interesse der Wildtiere, nicht aber zur Bereicherung jagdlicher Möglichkeiten von uns erhoben werden. Die tageszeitlich wie örtlich uneingeschränkte Freigabe der Wälder und Fluren für den Publikumsverkehr hat den Lebensrhythmus der Wildtiere selbst in den entlegensten Bereichen tiefgehend gestört. Beunruhigungen während der Setz- und Brutzeiten führen zwangsläufig zu Verlusten unter dem Jungwild. In Notzeiten von den Fütterungen vertriebenes Wild wird in seiner Widerstandskraft geschwächt, wenn nicht gar dem Tod preisgegeben. Der Möglichkeit beraubt, sich ungestört auf vertrauten Äsungsflächen zu sättigen, weicht das Schalenwild in junge, deckungsbietende Bestände aus, in denen es durch Verbiß und Schälen der Forstpflanzen zu Schaden geht. Vielerorts erst in völliger

Dunkelheit aus den heimlichen Tageseinständen zur Äsung ziehend, bietet das Wild den Jägern kaum noch Gelegenheit, es zu bejagen und seinen Bestand auf eine dem jeweiligen Biotop angemessene Stärke zu reduzieren.
Zwar bieten die Waldgesetze des Bundes und der Länder die Möglichkeit, das auf Wald und Flur bezogene Betretungsrecht der Bürger räumlich und zeitlich einzuschränken. Wenn es jedoch ans Eingemachte, an das Ausschöpfen dieser offensichtlich unausgereiften und voreilig erlassenen Gesetze geht, fällt es den zuständigen Verwaltungen in ihrer Rücksichtnahme auf gegensätzliche Strömungen oft schwer, entsprechenden Forderungen der Revierinhaber nachzukommen. Selbst wenn von ihnen, was wir nur wünschen können, in größerem Umfang Ruhezonen und Schutzgebiete für das Wild ausgewiesen würden, wäre damit noch nicht in ausreichendem Maße für die Ruhe und Sicherheit und damit für das Überleben der freilebenden Tiere gesorgt.
Selbstverständlich haben wir als Jäger, insbesondere als Revierinhaber, das Recht der Bürger zu respektieren, Erholung in der freien Landschaft zu suchen. Es würde aber diesem Bedürfnis keinen nennenswerten oder unzumutbaren Abbruch tun, wenn – und das muß unsere Forderung an die Öffentlichkeit sein – das Betreten der Wälder und Fluren (abgesehen von Pilz- und Beerensammlern sowie von Grundeigentümern und deren Beauftragten) außerhalb der Wege grundsätzlich verboten würde, nachts nur öffentliche Wege benutzt werden dürften, Hunde an der Leine zu führen wären, das Reiten im Wald nur auf dafür ausgewiesenen Wegen gestattet würde und Wohnmobile und Zelte nur auf dafür vorgesehenen Plätzen aufgestellt werden dürften. Was hier auf den ersten Blick hin als eine Einschränkung bürgerlicher Rechte erscheinen mag, ist in der Konsequenz nichts anderes als die Respektierung der Rechte der freilebenden Tiere, mit denen wir unsere Ansprüche an die Umwelt zu teilen haben, wenn sie uns in ihrem Artenreichtum nicht verlorengehen soll. – Zu ergänzen ist hier, daß auch die Seen, Bäche und Flüsse im Hinblick auf den überhandnehmenden Wassersport dringend einer Befriedung bedürfen.

Die Auswirkungen der sich ständig erhöhenden Verkehrsdichte sind erschreckend. Wer von den Verkehrsteilnehmern weiß schon, daß auf den Straßen der Bundesrepublik durch Zusammenstöße mit Wild jährlich 15 Menschen getötet, über 2000 verletzt werden und mehr als 200000 Wildtiere, mit einem Wildbretverlust in Höhe von 10 Millionen DM, dem Verkehr zum Opfer fallen? Da wir als Jäger allein keine wirksamen Maßnahmen dagegen ergreifen können, müssen wir von den zuständigen Behörden mit allem Nachdruck fordern, einer entsprechenden Verkehrserziehung größere Aufmerksamkeit zu schenken, verstärkt für die Verkehrssicherheit erforderliche Schutzmaßnahmen zu treffen und besonders gefahrvolle Straßenabschnitte durch die Errichtung von Zäunen mit entsprechenden Wilddurchlässen zu entschärfen.
Der Zwang, Rotwildbestände regional wie zahlenmäßig zu begrenzen, nimmt zuweilen Formen an, die dieses edle Wild als Feind unserer Kulturlandschaft erscheinen lassen. So notwendig es auch im Interesse der Land- und Forstwirtschaft ist, Überpopulationen abzubauen, darf es doch nicht, wie in einigen Gebieten zu beobachten ist, zu ausgesprochenen Vernichtungsfeldzügen gegen dieses Wild kommen. Auch die regional scharfe Begrenzung der Bestände mit dem Ziel, Randbereiche unbedingt rotwildfrei zu halten, erscheint uns inkonsequent im Hinblick auf den angestrebten Artenreichtum unserer Landschaft und unüberlegt insofern, als die Randbereiche dazu dienen können, komplettierte Kernbereiche zu entlasten, und die entsprechenden Randreviere durch das Rotwild eine wesentliche Steigerung ihres Wertes erfahren würden. Auch sollte das Rotwild in seinen ehemaligen Lebensräumen wieder eingebürgert werden, selbst wenn diese als Voraussetzung dafür erneut wildfreundlich gestaltet werden müßten. Gleiches gilt zumindest auch für das Damwild. Im übrigen haben unsere diesbezüglichen Forderungen auf eine regional zwar unterschiedliche und den jeweiligen Verhältnissen angepaßte, prinzipiell aber großzügige Bewirtschaftung des Schalenwildes abzuzielen; eine nur auf Abwehr bedachte Betrachtung des Problems dient weder dem Wild noch der Umwelt.

Nachdrücklicher noch als bisher haben wir uns mit der zum Teil fragwürdigen Flächennutzung durch die Landwirte auseinanderzusetzen. Zwar sind wir uns bewußt, daß wir uns im Hinblick auf das an den Grund und Boden gebundene Jagdrecht mit ihnen in einem Boot befinden, doch darf uns das nicht von jeder Kritik an der von ihnen betriebenen, oft biotopfeindlichen Landbewirtschaftung abhalten, deren negative Auswirkungen insbesondere auf das Niederwild zu offensichtlich sind, als daß wir sie stillschweigend hinnehmen könnten. Landwirte und Jäger sind Partner insofern, als beide vom Wild als einem natürlichen Produkt der genutzten Flächen profitieren. Den Landwirten muß mehr als bisher bewußt werden, daß ihren aus dem Jagdrecht erzielten Einnahmen auch Verpflichtungen gegenüberstehen. Das bedeutet, daß sie bei der Bewirtschaftung ihrer Böden in angemessenem Umfang die natürlichen Ansprüche des Wildes zu berücksichtigen haben. Wenn heute in größeren Forsten mit einiger Selbstverständlichkeit zwei bis drei Prozent der Fläche als Wildäsungsflächen ausgewiesen werden, dürfte es keine unbillige Forderung sein, ähnliches, gewissermaßen als Investierung in die Jagd, auch in der Landwirtschaft zu praktizieren. Das zur Vermeidung weiterer Überproduktionen landwirtschaftlicher Erzeugnisse erlassene „Flächenstillegungsgesetz“ bietet hierfür beste Ansätze. Im übrigen werden sich die Landwirte auf die Dauer auf ihren Höfen nur behaupten können, wenn sie eine naturgemäße, die Umwelt nicht belastende Landwirtschaft betreiben und die Gesellschaft bereit ist, die damit verbundenen höheren Preise für landwirtschaftliche Produkte zu zahlen.

Der Absicht mancher Naturschützer und Politiker, einzelne Wildarten dem Jagdrecht zu entziehen, um sie dem Naturschutzgesetz zu unterstellen, haben wir die Forderung entgegenzusetzen, das Jagdrecht nicht nur in Teilbereichen zu erweitern, sondern die den Jägern aufgegebene Hegeverpflichtung auf das gesamte Ökosystem auszudehnen. Das die Bundesrepublik abdeckende Reviersystem bietet zusammen mit der persönlichen Verantwortung der Revierinhaber für die ihnen anvertrauten Tiere die beste Voraussetzung für eine umfassende Hege der gesamten freilebenden Tierwelt. „Die Konzentration", schreibt Professor Paul Müller zum Thema ‚Ökosystemgerechte Jagd', „auf die bejagbaren Tiere allein ist für die Jagd der Zukunft falsch. Die wissenschaftlichen Grundlagen dürfen sich keineswegs allein nur auf die Wildbiologie beziehen. Die Biologie ist unteilbar." Daß es als Voraussetzung für das hier angesprochene Ziel verstärkt einer intensiven Schulung der Jäger hinsichtlich der „Kenntnisse von Struktur und Funktion von Ökosystemen" bedarf, steht außer Frage.

Die Jagdpächter haben landesrechtlichen Bestimmungen entsprechend eine Jagdsteuer zu zahlen. Wir meinen, daß dafür in heutiger Zeit kein Grund mehr besteht. Die Revierinhaber fassen die Jagd als Dienst am Wild und an der freilebenden Tierwelt auf. Sie setzen im Sinne praktischen Naturschutzes von sich aus beträchtliche Mittel ein für die Fütterung des Wildes in Notzeiten, die Anlage von Hegebüschen, die Biotopgestaltung, den Schutz des Wildes und sonstige Naturschutzmaßnahmen. Sie obendrein mit einer Jagdsteuer zu belasten, sabotiert geradezu ihre Bereitschaft, sich im Naturschutz zu engagieren. Daß sie es trotzdem tun, darf nicht über die Ungerechtigkeit, sie zusätzlich mit einer Jagdsteuer zu belasten, hinwegtäuschen. Die Länder Bayern und Hessen haben daraus die längst fällige Konsequenz gezogen, diese ominöse Steuer abzuschaffen. Wir erwarten, daß sich auch die übrigen Länder endlich dazu entschließen.

Mit den vorstehenden Erläuterungen jagdwirtschaftlicher Erfordernisse und den von uns erhobenen, ausschließlich dem Wild dienenden Forderungen wird der breit gefächerte, wenn auch noch nicht erschöpfende Inhalt der von uns zu betreibenden Öffentlichkeitsarbeit deutlich. Unsere Wünsche und Vorstellungen erfolgreich „an den Mann zu bringen", bietet die Organisation des Deutschen Jagdschutz-Verbandes mit ihren Gliederungen beste Voraussetzungen. Über die Landesjagdverbände wird den Kreisgruppen und Hegeringen vielseitiges Aufklärungsmaterial zur Verfügung gestellt, das es auf unterer Ebene zu verwerten gilt. Nicht immer wird es entsprechend genutzt. In seiner Sachlichkeit oft zu trocken, als daß es in der regionalen

Gigantische Forstwirtschafts- und Wegebaumaschinen verursachen mehr Schäden im Wald als das Wild.

Trophäenschauen veranlassen verbohrte Jagdgegner vom Trophäenkult zu sprechen.

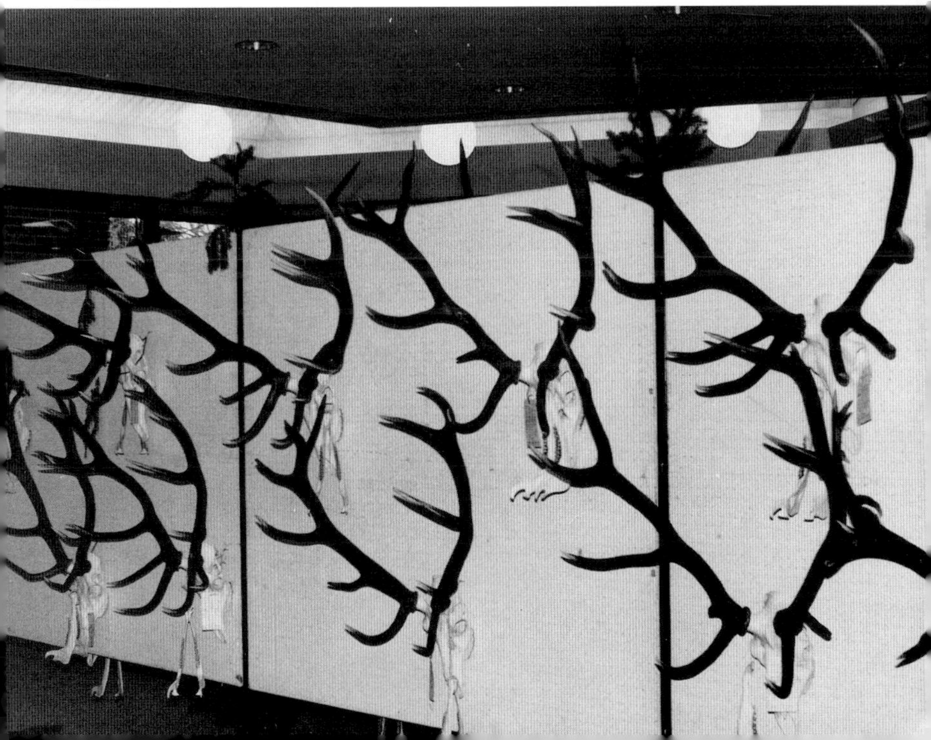

Den Jägern obliegt es, Schalenwildbestände nicht ausufern zu lassen.

Noch nicht vom Tourismus heimgesuchte Wälder bieten dem Wild ungestörte Einstände.

Presse die Leser mitreißen könnte, bedarf es einer packenderen Gestaltung, um wirkungsvoll anzusprechen.

„Der Deutsche Jagdschutz-Verband verzichtet in seiner Öffentlichkeitsarbeit bewußt auf den Einsatz emotionaler Komponenten, weil langfristig allein die auf gesicherten Daten und Fakten beruhende Information geeignet ist, Bedeutung und Stellenwert des Waidwerks im Rahmen des großen Komplexes Umwelt- und Naturschutz nachhaltig deutlich zu machen", heißt es zum Thema ‚Jagdliche Öffentlichkeitsarbeit' im DJV-Handbuch. Das ist zwar objektiv richtig und muß auch unter dem Aspekt „gesicherter Daten und Fakten" so bleiben, doch fehlt es einer solchen Öffentlichkeitsarbeit an Enthusiasmus und Faszination, denen in entsprechenden Publikationen Ausdruck zu verleihen nicht jedem Jagdfunktionär gegeben ist. Wo aber das Herz sich nicht offenbart, fehlt es der Überzeugung an Kraft und dem Gedanken an blutvoller Vitalität. Jagd und Natur begeistern uns. Wenn wir für sie eintreten wollen – warum sollte uns dann nicht auch Begeisterung tragen und Begeisterung für sie von uns erweckt werden? Fakten sprechen ihre objektive Sprache, die Sprache des Herzens aber ist nicht weniger stark als die Sprache des Verstandes. Die Sprache selbst scheint uns vorzuschreiben, uns an den Verstand zu wenden, wenn wir um Verständnis werben wollen. Doch können wir als Subjekte, als vernunftbegabte Wesen, nicht leugnen, daß unsere Vorstellungen und Erkenntnisse auf Gefühlen und Willensregelungen beruhen. Gänzlich werden wir auch in der Öffentlichkeitsarbeit nicht ohne Johann Gottlieb Fichtes Philosophie vom „subjektiven Idealismus" auskommen können.

Als Fußvolk der Jägerschaft dürfen wir nicht der bequemen Vorstellung verfallen, daß Öffentlichkeitsarbeit ausschließlich oder doch vorwiegend vom Präsidium des Jagdschutz-Verbandes und von den Geschäftsstellen der Landesjägerschaften zu betreiben ist; die Arbeit an der Front, das Umsetzen von Direktiven und der gegenseitige Erfahrungsaustausch, ist für eine erfolgreiche Arbeit nicht weniger unerläßlich. Wo die Wahl von Hegeringleitern, Kreisgruppenvorsitzenden und Kreisjägermeistern nicht unter dem heute mehr denn je zu beachtenden Aspekt

ihrer besonderen Eignung für die Öffentlichkeitsarbeit erfolgt, wird darunter die Kommunikation mit den übergeordneten Gremien, mit den Naturschutzverbänden und mit der lokalen Presse leiden. Es sei denn, es finden sich unter den Mitgliedern Persönlichkeiten, die durch ihr umfangreiches Fachwissen, ihre literarische Begabung und ihren persönlichen Kontakt zur Presse für die Öffentlichkeitsarbeit besonders prädestiniert sind. Sie zu motivieren und in ihrer Arbeit zu unterstützen, muß das Anliegen aller auf unterer Ebene tätigen Funktionäre sein.
Ob im guten oder im bösen – das Ansehen der Jägerschaft, und damit auch das Erscheinungsbild der Jagd, wird stets vom Verhalten des einzelnen Jägers bestimmt. Wobei negative Beispiele die fatale Eigenschaft haben, überproportional die öffentliche Meinung zu beeinflussen; bereits ein einziger Fleck auf ansonsten weißer Weste diffamiert ihren Träger. So ungerecht uns das auch erscheinen mag, bleibt es doch Tatsächlichkeit und zwingt uns, die eigenen Reihen peinlich sauberzuhalten. Solange wir nicht die Zivilcourage aufbringen, uns eindeutig von schwarzen Schafen zu distanzieren, sie gegebenenfalls aus der Jägerschaft auszustoßen – die DJV-Disziplinarordnung bietet uns dafür die Handhabe –, wird einer noch so intensiven Öffentlichkeitsarbeit durchschlagender Erfolg versagt bleiben; zu viele Widersacher der Jagd warten nur darauf, daß wir Wunden zeigen, in die sie das Salz ihrer zersetzenden Kritik streuen können. Diese Wunden werden uns vorwiegend von Jägern geschlagen, denen es vor der Öffentlichkeit an Takt und im Sinne waidgerechten Jagens an Empfindungsfähigkeit fehlt. Beispiele dafür gibt es leider genug.
Die in Mecklenburg gelegene Müritz war im zeitigen Frühjahr an den Ufern noch weithin mit einer sich erst langsam auflösenden Eisschicht bedeckt, als ein mir benachbarter Kollege eine Rotte Überläufer beobachtete, die weit auseinandergezogen mühsam das Eis zerbrechend dem Ufer zustrebte. Das war nichts Ungewöhnliches, schon oft hatten wir Sauen die Seen meiner Heimat durchrinnen sehen. Gegen jede waidmännische Gepflogenheit aber, wenn auch nicht gegen den Buchstaben des Gesetzes, verstieß es, daß der Kollege sich diese Situation

zunutze machte, indem er einen Überläufer nach dem anderen am Ufer „erschoß“; von einem Erlegen des Wildes im Sinne waidmännischen Jagens konnte hier nicht die Rede sein. Nicht eine der sechs abgematteten Sauen hatte die Chance gehabt, seiner Kugel zu entkommen. Als er sich obendrein noch seiner Heldentat rühmte, traf ihn die Verachtung seiner Kollegen. Es entsprach seiner fragwürdigen Mentalität, daß er selbst dem Unmut der Bevölkerung gegenüber uneinsichtig blieb, die vom Jäger stets eine faire Bejagung des Wildes erwartet. Gewiß, dieser Vorfall ereignete sich bereits vor Jahrzehnten und bleibt in seiner Konstellation vielleicht einmalig. Doch gibt es nicht auch heute noch Situationen, in denen das Wild ohne Chance dem Jäger gegenüber bleibt und fragwürdige Schießer sie rücksichtslos ausnutzen? Wer, um nur ein Beispiel aufzuzeigen, trotz Jagdzeit bei hartem Frost an wenigen noch offenen Wasserlöchern Enten bejagt, handelt um nichts besser als seinerzeit der ominöse Kollege an der Müritz.
Alljährlich wird auf den Versammlungen der Kreisgruppen und gelegentlich auch von der Jagdpresse über hervorragende Ergebnisse der Schweißhundführer berichtet. Von einzelnen Schweißhundführern wird – auch der Öffentlichkeit – bekannt, daß sie in verhältnismäßig wenigen Jahren ihr fünfhundertstes oder gar tausendstes Stück Schalenwild zur Strecke brachten. Von enormen Mengen Wildbret, das für den Verzehr gerettet wurde, und von vielen hundert Kilometern Riemenarbeit ist dann die Rede. Hinter diesen Zahlen steht der bewunderungswürdige Einsatz von Männern, die weder weite Wege noch Strapazen scheuten, um krankes Wild von seinen Qualen zu erlösen. Die ihnen gezollte Anerkennung ist Ausdruck unseres Dankes, der ihnen gewiß gebührt. Nichtjäger aber werden in Anbetracht der beträchtlichen Anzahl von Nachsuchen, deren Relation zur gesamten Strecke ihnen nicht bekannt ist, den Eindruck gewinnen, daß von den Jägern laufend Schalenwild krankgeschossen wird, und dementsprechend kritisch reagieren. Als Laien wissen sie nicht immer, daß ein wesentlicher Teil der Nachsuchen an bereits verendetes Wild führt und viele Nachsuchen Tieren gelten, die dem Verkehr zum Opfer fielen. Dennoch wird ihnen

nicht verborgen bleiben, daß des öfteren krankgeschossenes Wild erst nach qualvoller Hetze zur Strecke kommt. Die Schweißhundführer schweigen sich diskret darüber aus; sie wissen, wie peinlich es den Jägern ist, wenn bekannt wird, daß von ihnen Wild angebleit wurde. Sie wollen damit gewiß nichts unter den Teppich kehren, sie sehen jedoch ihre Aufgabe nicht in der Bloßstellung von Waidgenossen, sondern im Bemühen, krankes Wild von seinem Leiden zu erlösen. An jedem einzelnen von uns liegt es, die Zahl angebleiten Wildes so gering wie nur möglich zu halten. Wer sich seiner Kugel, unter welchen Umständen auch immer, nicht sicher ist, hat auf den Schuß zu verzichten; bekannt schlechte Schützen sind ohne Rücksicht auf ihr Prestige von der Teilnahme an Gesellschaftsjagden auszuschließen. Wir sind das dem Wild, aber auch unserem Ansehen in der Öffentlichkeit schuldig.
Mehr denn je zuvor begegnen uns im Revier Bürger, die draußen Erholung suchen. Ihnen aufgeschlossen und freundlich zu begegnen, sollte für uns etwas Selbstverständliches sein. Nichts kann unserem Ansehen mehr schaden als rüdes, herrisches Benehmen. Eines Abends sprach mich im Revier ein Fremder an, der sich beim Pilzesammeln verlaufen hatte und sein Auto nicht wiederzufinden wußte. Er habe, so sagte er mir, seinen Wagen an einem Wegekreuz abgestellt, an dem sich eine auffällige Kiefer mit einer vor Waldbrand warnenden Tafel befände. Höflich bedankte er sich, als ich ihm den nächsten Weg zu seinem Auto zeigte. Ich gebe zu, in Erwartung des meiner Pirsch geltenden Wildes nicht gerade begeistert von der Begegnung gewesen zu sein, dennoch hatte ich ihm freundlich Auskunft gegeben. Zwei Wochen später waren meine Frau und ich bei einem älteren Kollegen zum Kaffee eingeladen. Im Verlauf der Unterhaltung äußerte die Gastgeberin: „Ich möchte Ihnen, Herr Gendrich, noch herzlich danken, daß Sie meinem Schwiegersohn so freundlich geholfen haben, seinen Wagen wiederzufinden; er wußte wirklich nicht mehr, wo er ihn abgestellt hatte.“ Wie peinlich, dachte ich, wäre es da für mich gewesen, hätte ich ihren Schwiegersohn, ob der Störung verärgert, mit schroffen Worten abgespeist!

Einige Zeit später, ich befand mich bereits im Ruhestand und trug keine Uniform mehr, erlebte ich selbst, wie einem harmlosen Bürger zumute sein muß, wenn ihm draußen im Revier in rüder Form erklärt wird, er möge sich gefälligst davonscheren. Ich suchte in meinem ehemaligen Revier einige zuvor von mir selbst bewirtschaftete Fischteiche auf. Kaum hatte ich die Teichanlage betreten, wurde ich von einem dort beschäftigten Mann in barschem Ton aufgefordert, das Teichareal zu verlassen; Unbefugten sei das Betreten der Anlage verboten. Meine Frage, ob er selbst der Besitzer der Teiche sei, verwirrte ihn. Meinen Hinweis auf das Waldgesetz, das jedem Bürger das Recht gäbe, unbeanstandet Wald und Flur zu betreten, tat er mit der Behauptung ab, daß es sich hier um ein privates Grundstück handle. Da ich wußte, daß nichts von seinen Behauptungen stimmte – die Teiche gehörten dem Fiskus und waren nach meiner Pensionierung einem mir bekannten Angestellten der Forstverwaltung verpachtet worden, in dessen Auftrag der Mann hier offensichtlich tätig war –, widersetzte ich mich die Situation auskostend seiner Aufforderung, die Teichanlage zu verlassen. Ich gestehe, es bereitete mir Spaß, den Mann auf die Palme zu bringen, wenngleich mich sein anmaßendes Benehmen empörte. Als ich mich ihm schließlich zu erkennen gab, blieb weder von seinen Behauptungen noch von seiner Impertinenz etwas übrig; verlegen entschuldigte er sich mit dem Argument, er sei der Neffe des Pächters und hätte nicht wissen können, wer ich sei. Sein Benehmen entsprach dem typischen Verhalten leider auch „grüner" Zeitgenossen, die sich in ihrer Engstirnigkeit als Herrscher im Revier aufspielen und damit dem Ansehen der Jägerschaft bösen Schaden zufügen.

Ausgesprochen despotisch benahm sich ein Forstbeamter, der in meiner Gegenwart einen älteren Pilzsammler in schroffer Weise annahm, weil dieser einen harmlosen Teckel unangeleint mit sich führte, was in Niedersachsen nicht verboten ist, solange sich der Hund nicht der Einwirkung seines Besitzers entzieht. Nichts berechtigte ihn, den gutartigen Mann zu attackieren. Der lautstarken Aufforderung, den Hund an die Halsung zu nehmen, konnte der Mann nicht nachkommen, weil er seine

Hundeleine im sechshundert Meter entfernten Wagen zurückgelassen hatte. Eingeschüchtert machte er sich mit seinem Hund auf den Weg zum Wagen. Damit aber gab sich der rigorose Beamte nicht zufrieden. In beschämender Unkenntnis gültiger Verordnungen lief er dem Hundebesitzer nach und forderte ihn auf, den Hund, wenn er ihn schon nicht anleinen könne, bis zum Wagen zu tragen. Es war bedrückend zu sehen, wie der ängstliche Mann auch dieser entwürdigenden Anweisung nachkam. Der üble Vorfall ereignete sich für mich so unvorhergesehen, daß ich den Beamten erst im nachhinein auf die Unrechtmäßigkeit seines Verhaltens hinweisen konnte. Daß er meiner Kritik gegenüber rechthaberisch auf seinem Standpunkt verharrte, war bei seiner Mentalität nicht anders zu erwarten gewesen. Mit dem Pilzsammler aber verließ wieder einmal ein Bürger den Wald, dem jedes Vertrauen in das soziale Gewissen der Jäger und Forstleute verlorengegangen war. Auch dieser Vorfall beweist einmal mehr die Notwendigkeit, erzieherisch in unseren eigenen Reihen zu wirken, um unser Ansehen in der Bevölkerung nicht von einzelnen uneinsichtigen Vertretern unserer grünen Zunft untergraben zu lassen.
Während meiner Lehrzeit vor nunmehr bald sechzig Jahren sprach man uns Forstanwärtern von der Furcht, die den Wald zu regieren habe, um ihn und das Wild vor Störungen zu bewahren. Nicht wenige Revierinhaber frönten dieser Devise, indem sie sich als Fronvögte den Bürgern an den Grenzen ihrer Jagd- und Forstbezirke entgegenstellten. Noch immer mag es der Mentalität einzelner selbstsüchtiger Jäger und Forstleute entsprechen, sich als unumschränkte Herrscher des Reviers zu empfinden, in das einzudringen ihnen als verdammungswürdiges Vergehen erscheint. Daß sie damit unserem Bemühen, in der Bevölkerung Verständnis für Wald, Wild und Umwelt zu erwecken, einen Bärendienst leisten, muß von uns auch den letzten der ewig Gestrigen in aller Deutlichkeit klargemacht werden, entzündet sich doch besonders an ihrem despotischen Verhalten die Kritik der Bevölkerung an der Jagd und an den Jägern.
Was wir von der Jägerschaft erwarten müssen, sind Sensibilität

und Einfühlsamkeit in das Empfinden von Menschen, die aus ihrer Liebe zum Tier dem Jagen skeptisch gegenüberstehen und denen selbst der Anblick eines waffentragenden Jägers Unbehagen bereitet. Es gehört zwar zur Öffentlichkeitsarbeit, sie von der Notwendigkeit des Jagens zu überzeugen, nichts aber wäre rücksichtloser und grobschlächtiger, als vor ihren Augen einen wildernden Hund, eine streunende Katze, einen „stolzen" Schwan oder ein „bezauberndes" Reh zu töten, so erforderlich das grundsätzlich auch im Interesse des Jagdschutzes oder der Reduzierung dieser oder jener Wildpopulation sein mag. Wir selbst weigern uns, dem in seiner chancenlosen Mechanik brutalen Töten von Tieren in Schlachthäusern zuzuschauen. Als Jäger geben wir dem Wild noch bis unmittelbar vor seinem Tod die Chance zu entkommen, und wenn wir es töten, so endet sein Leben durch einen unerwarteten und deshalb leichten Tod. Wir dürfen aber nicht voraussetzen, daß Nichtjäger diesen einschneidenden Unterschied erkennen und den mit dem Jagen verbundenen Tod anders betrachten als das auch uns abstoßende Sterben von Tieren in Schlachthöfen. Ist schon für uns der Tod eines Wildes ein dramatischer Akt, gebietet es um so mehr die Rücksicht auf mitleidige Bürger, es nicht vor ihren Augen verenden zu lassen.

Hochsitze sind für die Beobachtung, aber auch für die Bejagung des Wildes unentbehrlich. Mag auch die Pirsch stets die Krone des Waidwerks bleiben – sie fordert vom Jäger höchste Aufmerksamkeit und bietet dem Wild mehr als jede andere Jagdart gleichgewichtige Chancen –, so werden doch viele Jäger, sei es mit Rücksicht auf ihr Alter oder als Jagdgast aus mangelnder Erfahrung im Pirschen, auf Hochsitze angewiesen sein, um den erforderlichen Abschuß erfüllen zu können. Je stärker im übrigen die Schalenwildbestände eines Reviers sind, desto geringere Aussicht besteht, den Abschuß allein im Rahmen der Pirsch zu bewältigen.

Manche Tier- und Naturfreunde reagieren auf den Anblick von Hochsitzen empfindlich. Sie sehen in ihnen heimtückische Einrichtungen, die ausschließlich dem bequemen Töten von Tieren gelten. Das ist besonders dann der Fall, wenn die Hochsitze übermäßig komfortabel eingerichtet sind, sich nicht harmonisch in die Landschaft einfügen und an Äsungsflächen oder gar in unmittelbarer Nähe von Fütterungen allzu offensichtlich den Eindruck erwecken, weniger der Beobachtung als dem Töten von Tieren zu dienen. Als „Totmacherkisten“ bezeichnet, sind sie bereits zum herausfordernden Ziel ideologischer Jagdgegner geworden, die sich in ihrer Agressivität nicht scheuen, sie zu zerstören. Ausgesprochene Jagdgegner werden wir zwar nie davon überzeugen können, daß Hochsitze erforderlich sind, wir sollten aber als Revierinhaber soviel Fingerspitzengefühl besitzen, nicht auch noch unvoreingenommene Bürger durch aufwendige, die Landschaft verschandelnde oder durch ihre Nähe zu Fütterungen und belebten Straßen aufreizende Hochsitze zu provozieren.

Überhaupt Fingerspitzengefühl: Wie immer wir diesen Begriff auch verstehen wollen, ob als Takt, Einfühlsamkeit oder Sensitivität – stets muß uns dieses Gefühl in unserer Rücksichtnahme auf die Öffentlichkeit leiten. Nichts steht dem mehr entgegen als protzenhaftes Angeben mit großen Strecken und starken Trophäen, von Neid diktiertes Streiten um eine von mehreren Jägern beanspruchte Beute, mitleidloses Verzichten auf den Fangschuß für ein ohnehin alsbald verendendes Wild, Bejagen erst kurz zuvor ausgesetzter Fasane, rücksichtsloses Töten und Versorgen von Tieren in Gegenwart empfindlicher Bürger, widerwärtiges Krakeelen alkoholisierter Jäger in öffentlichen Gaststätten und manches mehr, was hier aufzuführen wir uns schenken wollen. Worauf es ankommt, wird hiernach jeder Jäger wissen, sofern ihm nicht jedes Gespür für Ethik und Ästhetik abhanden gekommen ist.

1986 ergab eine EMNID-Umfrage, daß 74 Prozent der Bevölkerung die Jäger und die Jagdausübung in unserem Land für erforderlich halten; 77 Prozent waren der Meinung, daß die Jagdausübung in unserem Land dem Natur- und Umweltschutz dient; 93 Prozent waren der Meinung, daß bei der Neubegründung der Wälder Rücksicht auf das Lebensrecht heimischer Wildtiere genommen werden muß. Mit diesen Ergebnissen der Umfrage dürfen wir uns als Jäger in unserem Einsatz für Wild und

Umwelt eindrucksvoll bestätigt sehen. An uns, an dem Bild, das wir der Öffentlichkeit bieten, liegt es, dem Vertrauen, das uns die Bevölkerung entgegenbringt, auch weiterhin gerecht zu werden. Doch dürfen wir uns damit allein nicht begnügen. Immerhin gibt es noch eine beträchtliche Minderheit indifferenter Bürger, die es durch vorbildliches Auftreten und gezielte Öffentlichkeitsarbeit für uns zu gewinnen gilt.

Jagd- und Landschaftslyrik als Ausdruck ihrer Zeit

Bedauerlich ist, daß wir uns in unserer Öffentlichkeitsarbeit nicht mehr des inspirierenden Mittels der Lyrik bedienen, die noch um die Jahrhundertwende in ungezählten Liedern und Gedichten die Jagd und die Jäger verherrlichte und ihnen ein Ansehen gab, um das wir die vor uns lebenden Generationen nur beneiden können. Unsere von Alltäglichkeiten beherrschten, jeder Verinnerlichung hohnsprechenden Massenmedien wollen uns zwar weismachen, daß allenfalls noch sentimentale, lebensfremde Idealisten tieferer Gefühle fähig sind, die Sehnsucht der Menschen aber nach einer heilen, harmonischen Welt ohne häßliche Dissonanzen und widerliche Entgleisungen beweist uns, wie sehr sie sich noch immer von lyrischen Empfindungen leiten lassen.
Der Bedeutung der Jagd- und Landschaftslyrik für die von uns zu betreibende Öffentlichkeitsarbeit werden wir uns erst bewußt, wenn wir uns des näheren mit ihrer Entwicklung beschäftigen.
Lyrik will Stimmungen und Empfindungen übertragen, sie jedoch nicht erklären oder gar rechtfertigen. Sie wendet sich unmittelbar an uns, sie setzt weder Wissen voraus noch will sie Wissen vermitteln. Nicht die Logik, das Gefühl korrespondiert hier mit den stets subjektiv betrachteten Dingen, um in feinsten Regungen Liebe und Anbetung, Freude, Schmerz und Begeisterung zu gestalten. Wobei es dem Dichter aufgegeben ist, seine Sprache in Rhythmus und Gebärde geschmeidig dem Stimmungsgehalt des jeweiligen Themas anzupassen.
Wesentlicher als das Thema, in unserem Fall die Jagd und die Landschaft, ist die Form, in der es vom Dichter behandelt wird. „Das Wichtige, das Ausschlaggebende“, sagt der Kunsthistoriker Jacob Burckhardt, der ein Kunstwerk stets als Ausdruck seiner Zeit, als Zeugnis menschlicher Haltung, verstanden wissen will, „ist das ewig neue Wie.“ Wer als Dichter nicht neu, wer nur mit den Mitteln der Tradition zu gestalten weiß, vermag

den Rahmen konventioneller Kunst nicht zu sprengen, um zu echter schöpferischer Aussage zu gelangen. Und noch etwas müssen wir wissen, um den Wert insbesondere jagdlicher Lyrik beurteilen zu können: Die Natur als solche ist niemals unecht und kann daher auch kein Kitsch sein, wie es Paul Fechter paradoxerweise behauptet. Erst durch die literarische Fixierung einer unechten Empfindung artet Lyrik zum Kitsch aus. Kitsch, Konvention und Kunst sind somit die Maßstäbe, nach denen wir vermeintliche oder echte Dichtung zu bewerten haben.

Ungezählte Lieder und Gedichte sprachen einst zu uns von der Freude am Waidwerk, vom Mannesmut, von der Liebe zur Natur, von der Ehrfurcht vor dem Schöpfer und seinen Geschöpfen. Doch wurden sie als Zeugnis deutscher Jagdkultur in ihrer Mehrzahl längst zu Denkmälern einer vergangenen Zeit, der Zeit der Romantik, des anbrechenden 19. Jahrhunderts, in dem die Landschaft erstmalig ihre dichterische Verinnerlichung erfuhr. Karl Bunsen, Joseph Frhr. von Eichendorff, Ludwig von Wildungen, Carl Emil Diezel, Wilhelm Müller, Heinrich Laube, Johann Bornemann und Franz von Kobell schufen ihre Werke in der ersten Hälfte des 19. Jahrhunderts. Nach Form, Stil und Gehalt ihrer Dichtung zählen sie heute zu den Klassikern jagdlicher Lyrik.

Andere, deren Namen nur gelegentlich noch genannt werden, blieben nicht selten im Kitsch stecken, dessen Merkmale dekoratives Versagen und künstlerische Entgleisung in der Aussage des gewählten Stoffes sind. Zwei Gedichte, denen das gleiche Motiv zu Grunde liegt, mögen uns den Blick für Kitsch und echte Kunst schärfen:

Abschied vom Walde (L. Cassel)

Lebe wohl, du grüner Hain, mit dem Frühlingskleide!
Dir will ich mein Liedchen weihn, eh ich von dir scheide.
Deiner Vögel Chorgesang trage meines Liedes Klang
Über Tal und Höhen!

Unter deinem grünen Dach weil ich mit Entzücken,
Möcht so gern am Silberbach mir noch Blümchen pflücken;
Möcht, umkränzt von Busch und Strauch,
deiner Blumen süßen Hauch
Lange noch genießen!

Doch der Abend ruft mir zu: Es ist Zeit zu scheiden;
Drum, ihr Vöglein, geht zur Ruh, träumt von neuen Freuden!
Lebe wohl, du grüner Hain, mit den holden Blümelein,
Bis auf Wiedersehen!

und

Abschied vom Walde (J. v. Eichendorff)

Oh Täler weit, oh Höhen, oh schöner grüner Wald,
Du meiner Lust und Wehen andächtger Aufenthalt!
Da draußen stets betrogen, saust die geschäftge Welt,
Schlag noch einmal den Bogen um mich, du grünes Zelt.

Wenn es beginnt zu tagen, die Erde dampft und blinkt,
Die Vögel lustig schlagen, daß dir dein Herz erklingt:
Da mag vergehn, verwehen das trübe Erdenleid,
Da sollst du auferstehen in junger Herrlichkeit!

Da steht im Wald geschrieben ein stilles, ernstes Wort
Vom rechten Tun und Lieben, und was des Menschen Hort.
Ich habe treu gelesen die Worte schlicht und wahr,
Und durch mein ganzes Wesen wards unaussprechlich klar.

Bald werd ich dich verlassen, fremd in der Fremde gehn,
Auf buntbewegten Gassen des Lebens Schauspiel sehn;
Und mitten in dem Leben wird deines Ernsts Gewalt
Mich Einsamen erheben, so wird mein Herz nicht kalt.

Schweißhunde sind unentbehrlich, wenn es um die Nachsuche angebleiten oder im Straßenverkehr verletzten Wildes geht.

Jährlich fallen mehr als 200 000 Wildtiere dem Verkehr zum Opfer.

Eine derartig die Landschaft verschandelnde Ansitzhütte gilt den Jagdgegnern als „Totmacherkiste“.

Hier fügt sich ein Hochsitz harmonisch dem Waldbild ein.

Beide Gedichte sind im Zeitalter der Romantik entstanden, in einer Zeit, in der die Dichter den Wald als Landschaft entdeckten. Die Frage, wer von beiden Dichtern schöpferische Begabung bewies und wer in unechter Empfindung dekorativ versagte, ist leicht zu beantworten. Die abgegriffene Bach-Dach-Reimerei Cassels empfinden wir als unangenehm billig; auch vermag er uns nicht mit der Vorstellung zu entzücken, „umkränzt von Busch und Baum am Silberbach Blümchen zu pflücken". Gänzlich aber offenbart sich das Unechte seines Gedichtes in dem Schluß: „Bis auf Wiedersehen!" Spätestens hier wird uns bewußt, daß Cassels Abschied vom Wald kein echter Abschied ist, steht es ihm doch frei, den Wald am nächsten Morgen wieder aufzusuchen.

Wie anders dagegen Eichendorffs „Abschied vom Walde"! Zutiefst empfindet er die endgültige Trennung von einem Wald, der in seiner Aussage von so tiefem Ernst, in seiner Stille von solcher Eindringlichkeit ist, daß er uns selbst auf den buntbewegten Gassen der Fremde, in der trügerischen, geschäftigen Welt noch in seiner Gewalt behält.

Der Wald ist durch die Romantiker eine Welt für sich geworden, die durch Eichendorff zum geistig-seelischen Raum erhoben wurde und damit seine ethische Sendung erfuhr. Durch Eichendorff wurde der Wald, wie Gusovius es ausdrückt, zum „großen Lehrmeister der Sittlichkeit", die ihre Wurzeln im Religiösen hat. Mit seiner Walddichtung erreichte die Romantik ihren künstlerischen Höhepunkt.

Unter den Dichtern der Romantik begegnen wir einer ganzen Reihe von Jägern; einige Namen nannten wir bereits. Den Wert ihrer künstlerischen Aussage können wir nur unter dem Aspekt ihrer Zeit beurteilen. Wenn sie auch im Vergleich mit Eichendorff, mit Matthias Claudius, in dessen schlichten Volksweisen die Landschaft eine besonders innige Beseelung erfuhr, oder mit Theodor Storm an Bedeutung verlieren, so haben sie doch an der Entdeckung der Landschaft „als eine Welt für sich" einen ersten, gewichtigen Anteil gehabt. Vielen von ihnen genügte es noch, die Landschaft des Jägers allein mit dem Begriff Wald zu umschreiben. Mit diesem Begriff gaben sie wieder, was ihre

Seele erfüllte: die Innigkeit einer Landschaft, deren geheimnisvoller Zauber den Menschen durchaus einging. Bis dieser Begriff durch seine allzu häufige Benutzung an Glanz verlor und mit ihm nichts Neues mehr auszusagen war. Im Volkslied finden wir ihn noch in seiner schlichten und tiefen Bedeutung:

Im Wald und auf der Heide,
Da such ich meine Freude,
Ich bin ein Jägersmann.

(Joh. Bornemann)

Ein Jäger aus Kurpfalz,
Der reitet durch den grünen Wald,
Er schießt das Wildbret her,
Gleich wie es ihm gefällt.

(aus dem 18. Jahrh.)

Es lebe, was auf Erden
Stolziert in grüner Tracht,
Die Wälder und die Felder,
Die Jäger und die Jagd.

(Wilhelm Müller)

Mit Detlev von Liliencron schloß sich zu Beginn unseres Jahrhunderts der Kreis der Romantiker, die den Wald zum Begriff ihrer Landschaft und, neben der Jagd, zum fast ausschließlichen Gegenstand ihrer Dichtung gemacht hatten. Ein Ausschnitt aus dem Gedicht „Waldschnepfenjagd“ läßt uns noch die Harmonie erkennen, mit der Liliencron als Jäger *und* Dichter die Landschaft darstellte:

Bald stand ich schußbereit am Holzesrande,
Zu Füßen, jagdgierzitternd, saß mein Hund.
In schwerem Dunste lag die feuchte Wiese,
Und drüber weg, trotz Dämmerung und Nebel
Sah deutlich ich's, bog sich ein Kranz von Tannen.

Schon zwitscherten, doch klang es noch aus Träumen,
Vereinzelt Vogelstimmen, und es brach
Wie flüsternd durch die kahlen, schwarzen Äste
Ein kurzer, kühler Windstoß, der, ein Läufer,
Den Sonnenaufgang eilig pflegt zu künden.

Ein neues Jahrhundert brach an, das Jahrhundert der Technik, der „realistischen Schau" der Dinge. Das Paradies, das sich die Romantiker geschaffen hatten, die Welt, in der sie lebten, schien für immer verloren. Man weinte um sie, man nahm Abschied von ihr, man glaubte sie besiegt vom Denken in der Rationalität. Der Wald war den Menschen fremd geworden, sie fürchteten seine Einsamkeit, sie begannngen in der Masse zu leben, und Fragen nach dem sozialen Standort und nach der Psyche des neuen Menschen wurden zum Gegenstand einer problematischen Dichtung. Die Menschen wurden lauter in ihrer Angst und Ausweglosigkeit, und Rilke bangte, sie könnten die letzten Werte mit harten, unduldsamen Händen zerstören:

Ich fürchte mich so vor der Menschen Wort.
Sie sprechen alles so deutlich aus:
Und dieses heißt Hund und jenes heißt Haus,
Und hier ist Beginn und das Ende ist dort.

Mich bangt auch ihr Sinn, ihr Spiel mit dem Spott,
Sie wissen alles, was wird und war,
Kein Berg ist ihnen mehr wunderbar,
Ihr Garten und Gut grenzt grade an Gott.

Ich will immer warnen und wehren: Bleibt fern.
Die Dinge singen hör ich so gern.
Ihr rührt sie an: sie sind starr und stumm.
Ihr bringt mir alle die Dinge um.

In begnadeter Sprache wußte Rilke die aus der Einsamkeit erwachsende Schwermut des Großstadtmenschen auszusagen, seine Dichtung selbst aber ist tief in der Landschaft verwurzelt und ohne ihre Kraft nicht denkbar. In prophetischer Schau sah er ein Zeitalter anbrechen, in dem die Menschen den Ernst und die Ewigkeit der Landschaft gegen tausend Nichtigkeiten tauschen:

Da geht der Sturm, ein Umgestalter,
Geht durch den Wald und durch die Zeit,
Und alles ist wie ohne Alter:
Die Landschaft, wie ein Vers im Psalter,
Ist Ernst und Wucht und Ewigkeit.

Wie ist das klein, womit wir ringen,
Was mit uns ringt, wie ist das groß;
Ließen wir, ähnlicher den Dingen,
Uns so vom großen Sturm bezwingen –
Wir würden weit und namenlos.

Noch aber schenkte Hermann Löns Jahr für Jahr unserem Volk Lieder und Gedichte, die den Zauber und den Reichtum der Landschaft offenbaren. Neben den Wald stellte er das Feld, die Heide, den Weiher, das Moor. Eine Birke, ein Schmetterling, ein Brahmbusch, eine Lerche – was immer da wächst und kreucht und fleucht, sind ihm Mittel, die Landschaft, ihre Stille, ihren Klang und ihre Gewalt, als umfassende Wirklichkeit aufzuzeigen und durch seine Sprache in Gefühl und Stimmung umzusetzen. Doch quälte auch ihn schon die Sorge, die Landschaft alsbald von Technik und Profitsucht zerstört zu sehen:

Es steht ein schwarzes Gespenst im Moor,
Das ragt über Büsche und Bäume empor.
Es steht da groß und steif und stumm,
Sieht lauernd sich im Kreise um.

In Rosenrot prangt das Heideland;
„Ich ziehe dir an ein schwarzes Gewand."
Es liegt das Dorf so still und klein;
„Dich mache ich laut und groß und gemein."

Es blitzt der Bach im Sonnenschein;
„Bald wirst du schwarz und schmutzig sein."
Es braust der Wald so stark und stolz;
„Dich fälle ich zu Grubenholz."

Die Flamme loht, die Kette klirrt,
Es zischt der Dampf, der Ruß, der schwirrt,
Der Meißel frißt sich in den Sand;
Der schwarze Tod geht durch das Land.

Eine neue Generation von Dichtern gestaltete nun das anbrechende Jahrhundert. Sie spricht von „kämpferischer Dichtung", nennt ihre Lyrik „naturalistisch" und hat mit der Natur doch nichts mehr gemein; ihre Landschaft ist die Großstadt, das Proletariat, die soziale Revolution geworden. Mit allen Mitteln expressionistisch-abstrakter Darstellungskunst zeigt sie die häßlichen Seiten einer moralisch zerrütteten, anbrüchigen Gesellschaft auf und mißachtet dabei nur allzuoft die echter Lyrik unentbehrlichen Gesetze der Ästhetik.

Henckel, Holz, Hart, Dehmel und andere werden zu Formzertrümmerern einer ihnen abgenutzt erscheinenden Sprache. Während Löns noch sein Lieben mitten in die Landschaft stellte und Liebe und Landschaft eine einzige Harmonie bildeten, führt bei Werfel die Liebe inmitten des Proletariats zum Schuldkomplex: komplex:

Da ich von dir geschwellt war zum Entschweben,
So viele waren, die im Dumpfen stampften,
An Pulten schrumpften und vor Kesseln dampften.
Ihr Keuchenden auf Straßen und auf Flüssen!
Gibt es ein Gleichgewicht in Welt und Leben,
Wie werd ich diese Schuld bezahlen müssen?!

Durch ihre Emigration in die Großstadt, ins Proletariat, zerstörten die „Neuen", die „Modernen", mit ihrer kämpferischen Dichtung das Bild, das sich ein allzu satt gewordenes Bürgertum vom Leben gemacht hatte. Wenn die Landschaft auch hier oder dort noch verschlissener Hintergrund blieb – ein fester Grund im Sinne eines naturnahen Lebens war es nicht mehr.

Wir wissen, daß Dichtung stets als Ausdruck ihrer Zeit verstanden sein will. Zwei Weltkriege endeten in unsäglicher Not. Hoffnungslosigkeit zwang die „Modernen“ zu einer neuen Sprache. Ins Chaos getrieben, glaubten sie, mit den alten Mitteln der Kunst, mit der Sprache der Konvention, nicht mehr gültig aussagen zu können, was ihnen widerfahren war. Für sie war, und das nicht zu Unrecht, die „Gartenlaube“ gestorben.
In allen Zeiten des Umbruchs aber stellen sich Scharlatane ein. Wo immer eine neue Gesellschaftsordnung noch nicht als gesichert zu betrachten ist, einst gültige Erkenntnisse und Gesetze ohne Rücksicht auf ihre nachhaltigen Werte durch die einer jeden Revolution innewohnenden destruktiven Kräfte zerstört werden, blüht der Weizen geistiger Goldmacher. So war auch der sinnlose Dadaismus nichts anderes als das Gestammel eines Kindes vor dem von roher Hand zerschlagenen Spielzeug. Vieles stimmte nicht mehr. Wie konnten wir da erwarten, daß inmitten von Trümmern ein Dichter in einer uns vertrauten Weise anhob zu stimmen!
Es bedarf keines subtilen Kunstverständnisses, um zu erkennen, daß vieles von dem, was uns an abstrakter Kunst geboten und von den Massenmedien unserer Zeit bejubelt wird, purer Schwindel ist. Wir haben aber auch das echte Ringen zu erkennen, dem neuen und gültigen Ausdruck zu geben, was unserer Zeit auferlegt wurde.
Dennoch, ob Kunst oder Scharlatanerie – die Gedichte unserer Zeit sind zumeist depressiv, ohne Glauben und ohne Hoffnung. Schamlosigkeit und Haß mancher „Modernen“ machen selbst vor der Landschaft nicht halt: „Gegen Morgen, in der grauen Frühe, pissen die Tannen, und ihr Ungeziefer, die Vögel, fängt an zu schreien.“ Hier und dort begegnen wir noch echter Sehnsucht nach der Landschaft. Typisch dafür ist ein Gedicht Helmut Burckerts:

es gibt kein gras mehr
chercher la prairie

bedenke was übrig blieb
chercher l'homme

rollmops sapientene ölsardine
bedenke was übrig ist

geh dorthin
nimm wittrung auf
lege das ohr an die erde

gönn deinem fuß das unzertretene
deinen zähnen der früchte
gespritz deiner zunge die
blutenden hirsche

So sehr hier die Sprache auch vergewaltigt wird, spricht doch aus ihr die Sehnsucht, den Fuß wieder auf die mütterliche Erde zu setzen. Dennoch – nicht durch Harmonie, durch Schock wollen die „Modernen" Wirkung erzielen. Welch ein weiter, abschüssiger Weg liegt zwischen Eichendorffs harmonischer Lyrik und ihrem maßlosen Gestammel! Von ihrer Forderung nach absoluter Freiheit, die sich jeder Verantwortung entzieht und unabdingbare Gesetze der Form und Ästhetik mißachtet, ist es nur ein kurzer Weg zum Nihilismus, dem neben den Werten der Kunst alsbald auch die Würde des Menschen selbst geopfert wäre.
Die einst von Ernst Moritz Arndt formulierte Erkenntnis, daß „der Mensch und die Natur in gegenseitiger Einwirkung und Abhängigkeit stehen und der Mensch desto schlechter und erbärmlicher wird, je weniger er die Natur in den Stand zu versetzen weiß, den an Leib und Seele tüchtigsten Menschen zu formen", hat ihre uns fordernde Wahrheit nicht verloren. Muß diese auf den Menschen und die Landschaft zielende Wahrheit nicht auch das Ziel der Kunst, der Lyrik sein?!
Wenn wir Schopenhauer zustimmen, daß es das Wesen der Kunst sei, sich stets am Ziel zu befinden, und demgegenüber feststellen müssen, daß sich die Dichtung, wie die Kunst überhaupt, längst nicht mehr an dem von Arndt aufgezeichneten allgemein gültigen Ziel orientiert, kann vieles von dem, was heute als Kunst propagiert wird, in Wahrheit keine Kunst sein. Wenn nicht der Mensch und die Landschaft gültiger Gegenstand

der Dichtung und damit ihr Ziel sind, was soll dann Gegenstand und Ziel der Kunst sein? Etwa Banalitäten, die mehr oder minder realistisch verumständlicht werden? Entdeckung des Hintergründigen profaner Fakten? Hemmungsloses Hineindeuteln philosophastischer Reflektionen in dürftige Sachverhalte? Triviale Sprachexperimente oder geistreichelnde Wortartistik? Oder gar ernsthafte Propagierung einer paranoiden Kunst, wie sie uns nicht selten in manischer Schizophrenie angepriesen wird?

Nie war das Bild der Welt so verzerrt, in seinen Farben so unharmonisch, in seiner Aussage so bedrückend wie heute. Unsicherer denn je sind die Menschen geworden, seitdem sie von den Massenmedien bedrängt werden, Gewesenes zu verdammen und Brücken hinter sich abzubrechen, ohne ihnen neue geistige Werte aufzuzeigen. Die moderne Kunst, die ihnen marktschreierisch angeboten wird, steht, wie Hans Sedlmayr es formuliert, „im Banne der technischen Denaturierung der Natur, und ihr Leitbild ist nicht mehr die erlebte Natur, sondern die rationale Ersatznatur der Technik".

Das Ziel der klassischen Dichtung war einst, eine Welt aufzuzeigen, wie sie sein soll. Die Dichtung unserer Zeit will zeigen, wie die Welt ist – und akzeptiert das Häßliche, den Schmutz, den Schund als etwa Gegebenes. Gewiß hat der Dichter das Leben – das Gute und Böse, das Schöne und Häßliche, das Wahre und Unwahre – als Ganzes zu betrachten, er darf es jedoch nicht ohne ein entscheidendes Bekenntnis zur sittlichen und ästhetischen Verpflichtung im Sinne einer höheren Idee tun. „Die lyrische Poesie", fordert Friedrich Hebbel, „soll das Menschenherz seiner schönsten, edelsten und erhabensten Gefühle teilhaftig machen."

Die „Gartenlaube" ist tot. Wer immer sich noch als Dichter ihrem Stil verschreibt, wird den Rahmen konventioneller Kunst nicht sprengen und unserer Zeit schöpferischen Ausdruck geben können. Dennoch dürfen wir den Wert der Landschaftslyrik einzelner zeitgenössischer Dichter, zumal wenn sie von der Jagd her zur Aussage der Landschaft kommen, nicht gering einschätzen. Noch nicht entwurzelt, der Natur noch nicht entfremdet, zählen zwar auch sie noch zu den konservativen, in ihrer stilistischen Orientierung konventionellen Kräften, ohne ihr Wirken aber wäre im Umbruch der Zeit der Übergang vom Gestern zum Morgen nur schwerlich zu finden. Ihr Verdienst ist es, das Erbe der Romantik in sich bewahrt zu haben.

Was aber wird morgen sein?

Würden wir die Grundzüge unserer Situation allein nach den Äußerungen modernistischer Kunst deuten, müßten wir verzweifeln. „Doch können wir es nicht genug vor uns hinstellen", sagt Paul F. Portmann in seiner Schrift ‚Weltleben und Weltwissen', „daß das Leben in seiner Gesamtheit immer m e h r ist als das, was eine bestimmte Zeit mit all ihren rationalen Kräften von ihm in diesem Augenblick auszusagen vermag. Die Grundlage unseres Daseins – und damit die Kunst als Ausdruck unseres Daseins – bleibt immer außerwissenschaftlich." Stets waren die Dichter führend in der Fortentwicklung der Gesellschaft im Sinne einer höheren Daseinsform. „Heute ist", stellt Sedlmayr fest und knüpft daran die Hoffnung auf eine bessere Zukunft, „die moderne Wissenschaft der modernen Kunst in dem Wissen um die allem Anorganischen gesetzten Grenzen voraus und steht die Technik nach ihrer ersten Phase bereits am Anfang ihrer zweiten, die den Menschen und das Organische (die Natur) nicht mehr leichtfertig übergeht."

So augenscheinlich die derzeitige Situation Sedlmayrs These auch zu bestätigen scheint, zweifeln wir doch nicht daran, daß es noch immer Dichter gibt, die sich noch dem Gesetz der Sittlichkeit verpflichtet fühlen und in der Jagd- und Landschaftslyrik den Durchbruch zu echter schöpferischer Gestaltung mit dem Anspruch auf eine unserer Zeit angemessene Sprache gefunden haben. Daß ihre Gedichte und Lieder vielfach ohne Echo bleiben, haben wir vor allem den Massenmedien zu verdanken, die sich ihnen in den Weg stellen, sie schmähen oder totschweigen, um die Gesellschaft bewußt auf einem ihnen selbst eigenen Niveau zu halten. Wer aber liest denn überhaupt die von ihnen propagierten Erzeugnisse modernistischer, naturalistischer Dichtung, betrachtet ohne Abscheu die Gebilde entsprechender Malerei und hört ohne physische Qual die Dissonanzen atonaler

Musik? Entsprechend motiviert fühlt sich doch nur der kleine Kreis gleichfalls irreal schreibender, malender, vertonender „Künstler“ nebst ihren irregeleiteten berufsmäßigen Rezensenten.
Leider halten sich auch die Jagdpresse und die Jagdverlage bedeckt, wenn es um die Veröffentlichung von Gedichten und Liedern jagdlichen und landschaftlichen Genres geht. Dabei wissen wir, daß es ihnen an entsprechenden Angeboten nicht fehlt. Zum einen fürchten manche Schriftleiter und Lektoren, Lyrik nicht gewinnbringend vermarkten zu können, zum andern fehlt manchen von ihnen die Fähigkeit, den jeweiligen Wert dichterischer Schöpfungen zu beurteilen, und verzichten sie daher auf entsprechende Veröffentlichungen. Doch wollen wir uns wirklich dem Vorwurf nächster Generationen aussetzen, wir seien Kunstbanausen gewesen und hätten in Schubladen verstauben lassen, was, um mit Ortega y Gasset zu sprechen, den dichterischen Prozeß der Umwandlung des Landes in die Idealität einer Landschaft, mit allen ihren positiven Auswirkungen auf Heimatliebe, Naturschutz und Waidgerechtigkeit, weiter hätte vorantreiben können?!
Der Deutsche Jagdschutz-Verband muß sich der Wirkung schöpferischer Lyrik als unschätzbares Mittel der Öffentlichkeitsarbeit bewußt werden. Sich dieses Mittels wirksam zu bedienen, wird zwar Kosten verursachen – einschlägige Verlage scheuen das finanzielle Risiko, in eigener Regie Jagd- und Landschaftslyrik zu verlegen –, doch darf das für den Deutschen Jagdschutz-Verband kein Hemmschuh sein, sich entsprechend zu engagieren. Noch immer hat sich am Ende das Herz stärker erwiesen als die realistische Schau der Dinge. Laßt die Dichter, denen die Erde noch ein Garten Gottes ist, wieder die Herzen einfangen! Laßt uns endlich aus dem Irrgarten modernistischer Kunst, aus dem „Karneval der Häßlichkeitsdämonie“, ausbrechen! Je ansprechender es uns gelingt, deutscher Jagd- und Landschaftslyrik wieder Geltung zu verschaffen, desto aufgeschlossener wird die Öffentlichkeit auch wieder der Jagd und den Jägern begegnen.

Das Elementare: das Gewissen

Was immer wir auch als Jäger tun, stets hat die Verantwortung gegenüber dem Tier und der Umwelt unser Handeln zu bestimmen. Ihre Norm und ihren Ausdruck hat diese uns bindende Verantwortung in den allgemein anerkannten Grundsätzen deutscher Waidgerechtigkeit gefunden. Wenn auch Gesetz geworden, müßten diese Grundsätze in der Abgeschiedenheit der Reviere dennoch ohne Wirkung bleiben, stünde hinter ihnen nicht das Gewissen des Jägers. „Suche das Waidmännische nicht zu weit!“, mahnt Eugen Wyler in seinem Buch ‚Wende im Waidwerk‘. „Du kannst alle Jagdgesetze der Welt studieren, du wirst den Kern nie finden. Das Geistige läßt sich nicht auspunktieren. Im Waidwerk gilt hoch über allen Paragraphen das Einfache und Elementare: das Gewissen! Es ist das höchste aller Gesetze!“

„Niemand weiß, was er tut, wenn er recht handelt, aber des Unrechten sind wir uns immer bewußt“, heißt es in Goethes ‚Wilhelm Meisters Lehrjahre‘. Gewissensbisse nennen wir die quälenden Empfindungen der Reue, die mit dem Bewußtsein, nicht so gehandelt zu haben, wie wir sollten, einhergehen. Das Gewissen ist das in unserer Seele zur wirksamen Macht gewordene Sittengesetz. In unbedingt gebietender Autorität tritt uns dieses Gesetz antreibend oder abmahnend, lobend oder tadelnd entgegen, wenn wir uns vor die Entscheidung zwischen dem „du sollst“ und dem „du sollst nicht“ gestellt sehen. Jäger, die keine Gewissensskrupel kennen, wenn sie fürchten müssen, durch ihr Handeln in Widerspruch zur Waidgerechtigkeit zu geraten, fügen dem Ansehen der Jägerschaft Schaden zu; sie zur Rechenschaft zu ziehen, muß unser aller Anliegen sein.

Dafür aber bedarf es der Zivilcourage, des persönlichen Mutes und des Selbstbewußtseins. Wo immer wir Zeuge von Verstößen gegen die Waidgerechtigkeit werden, stehen wir selbst in der Verantwortung. Unser Schweigen würde uns zu Mitschuldigen machen und unser eigenes Gewissen ob der Feigheit, geschwiegen zu haben, belasten. Wir können einander nicht erziehen, wenn wir nicht offene Kritik aneinander üben. Wir sträuben uns gegen jeden Hader, um unseren Frieden zu haben, und wissen doch, wie sehr wir dem Wild, der Jagd und uns schaden, wenn wir schweigen, wo es geboten wäre, uns zu schlagen, weil's das Herz befiehlt.

Mag uns heute auch der Wind noch so kalt ins Gesicht wehen, wir haben keinen Anlaß, an uns selbst zu zweifeln, solange es unter uns noch vorbildliche Männer gibt, deren untrügliches Gewissen sich in unsere Herzen brennt, Lippenbekenntnisse entlarvt und uns beim Wort nimmt, wenn wir uns zur deutschen Waidgerechtigkeit und damit zur Humanität und zur Verantwortung dem Tier und der Umwelt gegenüber bekennen.

Der Weg ist klar. Die Stimme des Gewissens, des höchsten aller Gesetze, offenbart uns ihn in aller Deutlichkeit. Wer immer ihn als Jäger geht, wird auch in Zukunft unbeschwerten Herzens jagen können.

Quellenverzeichnis

Arndt, Ernst Moritz
„Ein Wort über die Pflege und Erhaltung der Forsten“, Schleswig, 1820
Burckert, Helmut
Tageszeitung „Die Welt“, 1960
Burckhart, Jacob
Gesammelte Werke, Zürich, 1928
Champenois, Roger
„Waidgerecht – Subjektive Studie über die Evolution des Begriffs ‚waidgerecht‘“, Dr. H. Schulze, Peine, 1964
Frhr. v. Cramer-Klett, Ludwig Benedikt
„Traum auf grünem Grund“, Parey, 1956
„Spiel der Lichter und Schatten“, Parey, 1960
Deschner, Karlheinz
„Kitsch, Konvention und Kunst“, München, 1957
Deutscher Jagdschutz-Verband
„Standortbestimmung der Jagd“, Bonn, 1988
Diefenbach, Johann
„Der Hexenwahn in Deutschland“, Mainz, 1886
v. Gagern, Friedrich
„Birschen und Böcke“, Parey, 1931
„Die Grüne Chronik“, Wien, 1950
„Der Jäger und sein Schatten“, Parey, 1960
Gasset, José Ortega y
„Über die Jagd“, Hamburg, 1957
Gendrich, Goede
„Kulturlandschaft und Jagd“ – „Wesen, Weg und Wirkung von Landschaft, Jagd und Lyrik“, Dr. H. Schulze, Peine, 1965
Gusovius, H.
„Der Wald in Malerei, Musik und Dichtung“,
Die Pirsch, München
Kalchreuter, Heribert
„Sie sterben, ob gejagt wird oder nicht!“,
DJV-Handbuch, Mainz, 1988
Dr. Karff, Carl
„Waidgerecht“ – „Das Bundesjagdgesetz und der im § 1 fixierte Begriff ‚waidgerecht‘ in der Auslegung des Juristen“, Dr. H. Schulze, Peine, 1964
v. Laber, Hadamar
„Jagd“, Steiskal, Wien, 1880
Professor Dr. Dr. Lindner, Kurt
„Das Werk des Martin Strasser“, Klagenfurt, 1976; „Jagd – Verteidigung einer Definition“, Bonn, 1978

Löns, Hermann
Gesamtausgabe, Hamburg, 1960
Professor Dr. Dr. Müller, Paul
„Ökosystemgerechte Jagd", Sonderteil der Allgemeinen Forst-Zeitschrift, München, 1988
v. Perfall, Anton
„Der Jäger", Leipzig, 1910; „Aus meinem Jägerleben"; Leipzig; „Meine letzten Waidmannsfreuden", Leipzig, 1914
Portmann, Paul Ferdinand
„Weltleben und Weltwissen" (Piperbücherei);
„Wir und die Dichtung", Zürich, 1953
Rilke, Rainer Maria
„Gedichte in Auswahl", Leipzig, 1953;
„Tagebuch", 1901
Sedlmayr, Hans
„Verlust der Mitte, Tod des Lichts", Salzburg, 1964
Spangenberg, Cyriakus M.
„Der Jagdteufel", Verlag Urban Gaubisch, Eisleben, 1560
Strasser von Kollnitz, Martin
„Ain Puech von allerlei Jägern und Waidmanschafften", 1626; Ausgabe des Kärntner Landesarchivs, Klagenfurt, 1976
Weber, Karl Julius
„Demokritos – oder hinterlassene Papiere eines lachenden Philosophen" – „Die Jagdlust", 6. Band, Stuttgart, 1862
Wyler, Eugen
„Wende im Waidwerk", Wien und München, 1956
Zuckmayer, Karl
„Die langen Wege", Fischer-Verlag, 1952